Forschung und Praxis

Band 80

Berichte aus dem
Fraunhofer-Institut für Produktionstechnik
und Automatisierung (IPA), Stuttgart,
Fraunhofer-Institut für Arbeitswirtschaft
und Organisation (IAO), Stuttgart, und
Institut für Industrielle Fertigung und
Fabrikbetrieb der Universität Stuttgart

Herausgeber: H. J. Warnecke und H.-J. Bullinger

Bernhard Graf

Flexibilität und Kapazität von Werkstückspeichersystemen

Mit 71 Abbildungen

Springer-Verlag
Berlin Heidelberg New York Tokyo 1984

Dipl.-Ing. Bernhard Graf

Fraunhofer-Institut für Produktionstechnik und Automatisierung (IPA), Stuttgart

Dr.-Ing. H. J. Warnecke

o. Professor an der Universität Stuttgart
Fraunhofer-Institut für Produktionstechnik und Automatisierung (IPA), Stuttgart

Dr.-Ing. habil. H. J. Bullinger

o. Professor an der Universität Stuttgart
Fraunhofer-Institut für Arbeitswirtschaft und Organisation (IAO), Stuttgart

D 93

ISBN-13: 978-3-540-13970-6   e-ISBN-13: 978-3-642-47937-3
DOI: 10.1007/978-3-642-47937-3

2362/3020—543210

Geleitwort der Herausgeber

Futuristische Bilder werden heute entworfen:

o Roboter bauen Roboter

o Breitbandinformationssysteme transferieren riesige Datenmengen in
  Sekunden um die ganze Welt.

Von der "menschenleeren Fabrik" wird da gesprochen und vom "papierlo-
sen Büro". Wörtlich genommen muß man beides als Utopie bezeichnen,
aber der Entwicklungstrend geht sicher zur "automatischen Fertigung"
und zum "Rechnerunterstützten Büro". Forschung bedarf der Perspektive,
Forschung benötigt aber auch die Rückkopplung zur Praxis - insbeson-
dere im Bereich der Produktionstechnik und der Arbeitswissenschaft.

Für eine Industriegesellschaft hat die Produktionstechnik eine Schlüs-
selstellung. Mechanisierung und Automatisierung haben es uns in den
letzten Jahren erlaubt, die Produktivität unserer Wirtschaft ständig
zu verbessern. In der Vergangenheit stand dabei die Leistungssteigerung
einzelner Maschinen und Verfahren im Vordergrund. Heute wissen wir, daß
wir das Zusammenspiel der verschiedenen Unternehmensbereiche stärker
beachten müssen. In der Fertigung selbst konzipieren wir flexible Fer-
tigungssysteme, die viele verkettete Einzelmaschinen beinhalten. Dort,
wo es Produkt und Produktionsprogramm zulassen, denken wir intensiv
über die Verknüpfung von Konstruktion, Arbeitsvorbereitung, Fertigung
und Qualitätskontrolle nach. Rechnerunterstützte Informationssysteme
helfen dabei und sollen zum DIM (Computer Integrated Manufacturing)
führen und CAD (Computer Aided Design) und CAM (Computer Aided Manufacturing) vereinen. Auch die Büroarbeit wird neu durchdacht und mit
Hilfe vernetzter Computersysteme teilweise automatisiert und mit den
anderen Unternehmensfunktionen verbunden. Information ist zu einem
Produktionsfaktor geworden und die Art und Weise, wie man damit umgeht,
wird mit über den Unternehmenserfolg entscheiden.

Der Erfolg in unseren Unternehmen hängt auch in der Zukunft entscheidend von den dort arbeitenden Menschen ab. Rationalisierung und Automatisierung muß deshalb im Zusammenhang mit Fragen der Arbeitsgestal-
tung betrieben werden, unter Berücksichtigung der Bedürfnisse der Mitarbeiter und unter Beachtung der erforderlichen Qualifikationen. Investitionen in Maschinen und Anlagen müssen deshalb in der Produktion wie
im Büro durch Investitionen in die Qualifikation der Mitarbeiter be-
gleitet werden. Bereits im Planungsstadium muß Technik, Organisation
und Soziales integrativ betrachtet und mit gleichrangigen Gestaltungs-
zielen belegt werden.

Von wissenschaftlicher Seite muß dieses Bemühen durch die Entwicklung
von Methoden und Vorgehensweisen zur systematischen Analyse und Verbesserung des Systems Produktionsbetrieb einschließlich der erforderlichen Dienstleistungsfunktionen unterstützt werden. Die Ingenieure
sind hier gefordert, in enger Zusammenarbeit mit anderen Disziplinen,
z.B. der Informatik, der Wirtschaftswissenschaften und der Arbeitswissenschaft, Lösungen zu erarbeiten, die den veränderten Randbedingungen
Rechnung tragen.

Beispielhaft sei hier an den großen Bereich der Informationsverarbei-
tung im Betrieb erinnert, der von der Angebotserstellung über Konstruktion und Arbeitsvorbereitung, bis hin zur Fertigungssteuerung und Qualitätskontrolle reicht. Beim Materialfluß geht es um die richtige Aus-

wahl und den Einsatz von Fördermitteln sowie Anordnung und Ausstattung
von Lagern. Große Aufmerksamkeit wird in nächster Zukunft auch der
weiteren Automatisierung der Handhabung von Werkstücken und Werkzeu-
gen sowie der Montage von Produkten geschenkt werden.

Von der Forschung muß in diesem Zusammenhang ein Beitrag zum Einsatz
fortschrittlicher intelligenter Computersysteme erfolgen. Planungs-
prozesse müssen durch Softwaresysteme unterstützt und Arbeitsbedingun-
gen wissenschaftlich analysiert und neu gestaltet werden.

Die von den Herausgebern geleiteten Institute, das

- Institut für Industrielle Fertigung und Fabrikbetrieb der Universität
  Stuttgart (IFF)

- Fraunhofer-Institut für Produktionstechnik und Automatisierung (IPA)

- Fraunhofer-Institut für Arbeitswirtschaft und Organisation (IAO)

arbeiten in grundlegender und angewandter Forschung intensiv an den
oben aufgezeigten Entwicklungen mit. Die Ausstattung der Labors und
die Qualifikation der Mitarbeiter haben bereits in der Vergangenheit
zu Forschungsergebnissen geführt, die für die Praxis von großem
Wert waren. Zur Umsetzung gewonnener Erkenntnisse wird die Schriftenreihe "IPA/IAO - Forschung und Praxis" herausgegeben. Der vorliegende
Band setzt diese Reihe fort. Eine Übersicht über bisher erschienene
Titel wird am Schluß dieses Buches gegeben.

Dem Verfasser sei für die geleistete Arbeit gedankt, dem Springer-
Verlag für die Aufnahme dieser Schriftenreihe in seine Angebotspa-
lette und der Druckerei für saubere und zügige Ausführung. Möge das
Buch von der Fachwelt gut aufgenommen werden.

Hans-Jürgen Warnecke   Hans-Jörg Bullinger

Vorwort

Die vorliegende Arbeit entstand während meiner Tätigkeit als
wissenschaftlicher Mitarbeiter am Fraunhofer-Institut für Produktionstechnik und Automatisierung (IPA), Stuttgart.

Mein besonderer Dank gilt dem Leiter des Instituts, Herrn
Prof. Dr.-Ing. H. J. Warnecke, für seine großzügige Unterstüt-
zung und Förderung, die entscheidend zur erfolgreichen Durchführung dieser Arbeit beigetragen haben.

Herrn Prof. Dr.-Ing. A. Storr danke ich für die Übernahme des
Korreferats und für die vielen wertvollen Hinweise, die sich
daraus ergaben.

Aus dem großen Kreis der Kollegen des Instituts, die mich
durch ihre Mitarbeit und anregende Kritik unterstützt haben,
möchte ich die Herren Dr.-Ing. K. Weiss, Dr.-Ing. U. Schmidt-
Streier, Dr.-Ing. M. Schweizer sowie Dr.-Ing. R. D. Schraft
besonders erwähnen. Ihnen allen gilt mein herzlicher Dank.

Stuttgart, 1984
                        Bernhard Graf

I N H A L T S V E R Z E I C H N I S

0   <u>Abkürzungen und Formelzeichen</u>

Ame	m^2	Nutzfläche von Magazineinrichtungen
As	m^2	Stellfläche von Magazineinrichtungen
AP		Sprachelement der Programmiersprache "LASP"
arc cos		Trigonometrische Funktion "Arcuscosinus"
arc sin		Trigonometrische Funktion "Arcussinus"
Aw	mm^2	Fläche eines Werkstückes
a	mm	Seite einer geometrischen Figur
B	mm	Magazinbreite
BASIC		Programmiersprache
BB	mm	Breite der Greiferbacke
BIT		Informationseinheit
BL	mm	Länge der Greiferbacke
BN	mm	Nettomagazinbreite
b	mm	Seite einer geometrischen Figur
bs	mm	Sicherheitsabstand
c	mm	Seite einer geometrischen Figur
D	mm	Kreisdurchmesser
DIN		Deutsches Institut für Normung
DX	mm	Abstand von Mittelpunkten in X-Richtung
DY	mm	Abstand von Mittelpunkten in Y-Richtung
d	mm	Werkstückdurchmesser
EDV		Elektronische Datenverarbeitung
F	N	Belastung eines Magazins
FB		Sprachelement der Programmiersprache "LASP"
FE		Fertigungseinrichtung
FK		Sprachelement der Programmiersprache "LASP"
FME		Flachmagazin
Fn	N	Einzelnutzlast von Magazineinrichtungen
GA		Sprachelement der Programmiersprache "LASP"
GB	mm	Breite des Greifraumes
GL	mm	Länge des Greifraumes
GZ		Sprachelement der Programmiersprache "LASP"
H	mm	Werkstückhöhe
h	mm	Höhe einer geometrischen Figur
hs	mm	Sicherheitsabstand
IEC		Normschnittstelle

INT		Ganzzahliger Teil einer Zahl
ISO		International Organization for Standardization
L	mm	Magazinlänge
LASP		Sprache für den programmierbaren Lader
LN	mm	Nettomagazinlänge
l	mm	Länge
ls	mm	Sicherheitsabstand
M1		Werkstückanzahl in der Reihe 1
M2		Werkstückanzahl in der Reihe 2
ME		Magazineinrichtung
N		Werkstückreihen
Ng		Flächennutzungsgrad von Magazineinrichtungen
NC		Numerical Control
n		Anzahl der Werkstücke
OE	mm	Öffnungsmaß des Greifers
OG		Orientierungsgrad
OZ		Ordnungszustand
PA		programmierbarer Anschlag
PB		Sprachelement der Programmiersprache "LASP"
PE		Sprachelement der Programmiersprache "LASP"
PG		Positionierungsgrad
PK		Sprachelement der Programmiersprache "LASP"
PLA		programmierbarer Magazinlader
Ps	mm	Positionsstreubreite
Pv		Packungsverhältnis
R		Rotationsbewegung
Ro	mm	Reststreifen
RX	mm	Randabstand in X-Richtung
RY	mm	Randabstand in Y-Richtung
r	o	Radius
S	mm	Sicherheitsabstand
SE		Sprachelement der Programmiersprache "LASP"
Sk		Speicherkapazität
SPS		speicherprogrammierbare Steuerung
SR		Sprachelement der Programmiersprache "LASP"
SS		Sprachelement der Programmiersprache "LASP"
T		Translationsbewegung
TV		Fernseheinrichtung

t	s	Zeit
U		Werkstücksumme
VDI		Verein Deutscher Ingenieure
Vme	m^3	Raumbedarf von Magazineinrichtungen
VO		Sprachelement der Programmiersprache "LASP"
w	mm	Abweichung von einem Parallelogramm
WZ		Sprachelement der Programmiersprache "LASP"
W-3-M5		Werkstückbezeichnung
W-3-1/8		Werkstückbezeichnung
W-3-1/4		Werkstückbezeichnung
W-3-1/2		Werkstückbezeichnung
W-3-3/4		Werkstückbezeichnung
X		Richtungsangabe
XL	mm	Randabstand des Werkstücks in X-Richtung
Y		Richtungsangabe
YU	mm	Randabstand des Werkstücks in Y-Richtung
Z		Richtungsangabe
α	o	Winkel eines Dreiecks
β	o	Winkel eines Dreiecks
γ	o	Winkel eines Dreiecks

1   Einleitung

1.1   Problemstellung

Verbrauchergewohnheiten und Konkurrenzkampf zwingen die Fer-
tigungsbetriebe zu einer weitgefächerten Produktvielfalt, die
zu sinkenden Losgrößen führt und somit den Einsatz von Automa-
tisierungsmitteln hemmt. Nachdem die Automatisierung von Handhabungsabläufen bei hohen Stückzahlen durch den Einsatz von
Einzweckautomatisierungseinrichtungen schon weit fortgeschrit-
ten ist, werden nun Anstrengungen unternommen, Fertigungsab-
läufe im Bereich der Kleinserienfertigung durch den Einsatz
von flexiblen Systemen zu automatisieren.

Für die flexible Handhabung von Werkstücken bieten sich als
technische Lösungen freiprogrammierbare Handhabungsgeräte /1/
an. Eine großzügige Verbreitung dieser Geräte scheiterte
allerdings bislang an fehlenden Peripheriekomponenten, wie
Sensor-, Ordnungs- und Magazineinrichtungen /2/.

Greift man das Speichern von Werkstücken, ein handhabungstech-
nisches Querschnittsproblem, heraus, so stellt man fest, daß
die heute übliche Praxis "aus der Kiste - in die Kiste"
zukünftig auch bei Klein- und Kleinstserien in den meisten
Fällen aus wirtschaftlichen Gründen nicht mehr beibehalten
werden kann.

Ziel moderner Handhabungstechnik muß es auch in der Kleinserie
sein, dort wo es sich wirtschaftlich realisieren läßt, das
allgemein bekannte Prinzip der "Aufrechterhaltung einmal ge-
schaffener Ordnung" mittels flexibler Werkstückspeichersysteme
in der Fertigung zu realisieren, um so die Möglichkeit der
Automatisierung zu schaffen.

1.2   Zielsetzung

Flexibilität und Kapazität von Werkstückspeichern sind ent-
scheidende Faktoren für die Wirtschaftlichkeit von Magazinier-

systemen. Dabei ist es wichtig, nicht nur das Magazin als
isoliertes Konzept allein zu betrachten, sondern das gesamte
Umfeld, wie Transport und das Be- und Entladen von Magazinen,
mit in die Systemgrenzen einzubeziehen.

Da für den gesamten Bereich der flexiblen Werkstückspeichertechnik eine Grundlagensammlung fehlt, ist es Ziel dieser
Arbeit, mittels einer systematischen Untersuchung den Stand
der Technik auf dem Gebiet des Werkstückspeicherns transparent
darzustellen. Anschließend werden für die einzelnen Komponenten eines flexiblen Magaziniersystems Ansatzpunkte für die
Verbesserung der Flexibilität und Kapazität aufgezeigt. Am
Beispiel eines Magaziniersystems für Flachmagazine werden die
konzipierten Maßnahmen konkretisiert und realisiert. Ebene
Magazineinrichtungen bieten sich deshalb an, da einmal bei
dieser Magazinalternative die Fähigkeiten von programmierbaren
Handhabungsgeräten voll ausgeschöpft werden können und zum
andern diese die Basis für weitere Magazinkonzepte darstellen.

Insgesamt soll die Arbeit für den Bereich der Werkstückspeichertechnik Maßnahmen aufzeigen, wie die Flexibilität und
Speicherkapazität von ebenen Magazineinrichtungen optimiert
werden können.

1.3   Vorgehensweise

Aufbauend auf dem Stand der Technik werden im ersten Teil der
Arbeit Ansatzpunkte zur Verbesserung der Flexibilität und
Kapazität der unterschiedlichen Teilelemente eines Magaziner-
systems aufgezeigt. Im zweiten Teil werden für diese aufgezeigten Entwicklungslücken Verbesserungsmaßnahmen in Form von
Vorgehensweisen, Modellen, Laborversuchen und Prototypen
herausgearbeitet.

Erarbeitete Methoden werden durch den Einsatz der EDV in ihrer
Wirksamkeit unterstützt. Dies ist besonders dort von Bedeutung,
wo große Datenmengen anfallen und anhand von mathematischen
Gesetzmäßigkeiten oder erarbeiteten Strategien Programme erstellt werden können.

Die entwickelten Maßnahmen zur Verbesserung der Flexibilität
und der Speicherkapazität werden abschließend durch die pra-
xisnahe Erprobung in einem Gesamtsystem dargestellt. In diesem
Gesamtsystem sind alle wichtigen Einzelkomponenten eines Magaziniersystems enthalten, so daß ein kompletter Systemablauf
realisiert und die Verbesserungen gegenüber bisherigen Systemen deutlich gemacht werden können.

2   Ausgangssituation
2.1   Begriffe und Definitionen
2.1.1   Handhaben als Teil des Materialflusses

Der Verein Deutscher Ingenieure (VDI) hat mit mehreren Richt-
linien Klarheit in den Begriffen der Materialflußtechnik geschaffen /3,4/. Danach untergliedert sich der Materialfluß
nach Bild 1 in Lagern, Fördern und Handhaben.

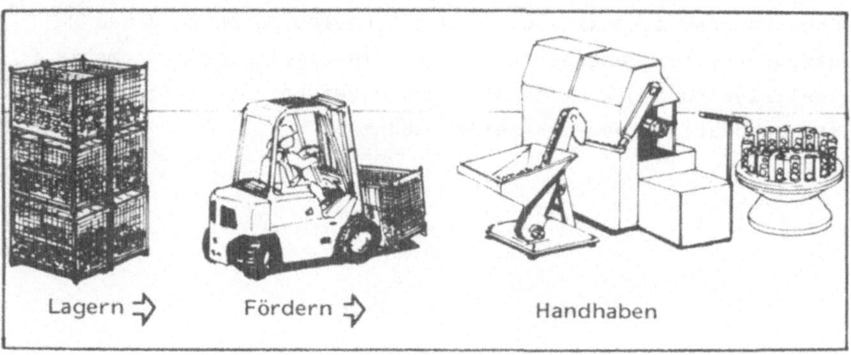

Bild 1:   Gliederung des Materialflusses

Handhaben ist somit eine Teilfunktion des Materialflusses und
beinhaltet nach VDI 2860 das Schaffen, definierte Verändern
oder vorübergehende Aufrechterhalten einer vorgegebenen räumlichen Anordnung von geometrisch bestimmten Körpern in einem
Bezugskoordinatensystem. Folglich läßt sich Handhaben von
Fördern und Lagern durch das Vorhandensein von geometrisch
bestimmten Körpern in einer definierten räumlichen Anordnung
abgrenzen. Die räumliche Anordnung eines geometrisch bestimmten Körpers ist definiert durch seine Orientierung und seine
Position. Nach VDI 2860 ist die Orientierung eines Körpers die
Winkelbeziehung zwischen den Achsen eines körpereigenen Koor-
dinatensystems und denen des Bezugskoordinatensystems, während
die Position der Ort ist, den ein bestimmter körpereigener

Punkt im Bezugskoordinatensystem einnimmt. Für die Beschreibung von Werkstückzuständen sind noch drei weitere Kenngrößen der VDI-Richtlinie 2860 anzuführen. Der Positionierungsgrad (PG) von Werkstücken zeigt an, in wieviel translatorischen Freiheitsgraden ihre Position bestimmt ist. Der Orientierungsgrad (OG) von Werkstücken zeigt an, in wieviel rotatorischen Freiheitsgraden ihre Orientierung bestimmt ist (Bild 2).

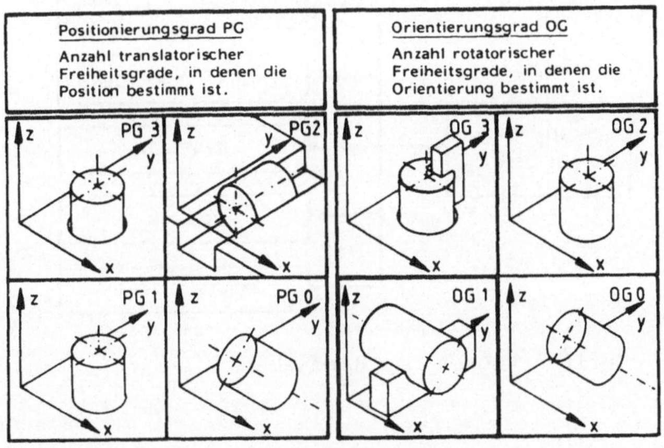

Bild 2:   Positionierungs- und Orientierungsgrad von Werkstücken

Der Ordnungszustand (OZ) von Werkstücken beinhaltet als Kennzahl eine Information über den Orientierungsgrad und den Positionierungsgrad. Dabei ist die erste Zahl der Orientierungsgrad, die zweite der Positionierungsgrad. Somit stellt sich der Ordnungszustand zwischen folgenden Grenzen dar:

Ordnungszustand   OZ   =   OG/PG

$$
\begin{array}{lll}
& OZ = 0/0 & \text{ungeordnetes Werkstück} \\
0/0 < & OZ < 3/3 & \text{teilgeordnetes Werkstück} \\
& OZ = 3/3 & \text{geordnetes Werkstück}
\end{array}
$$

2.1.2   Funktionen des Handhabens

Ein Handhabungsablauf besteht aus mehreren Teilabläufen. Dieser Erkenntnis wurde in der VDI 2860 durch die Aufgliederung der Gesamtfunktion Handhaben in fünf Teilfunktionen (Bild 3) Rechnung getragen. Jede dieser Teilfunktionen läßt sich weiter untergliedern /4/.

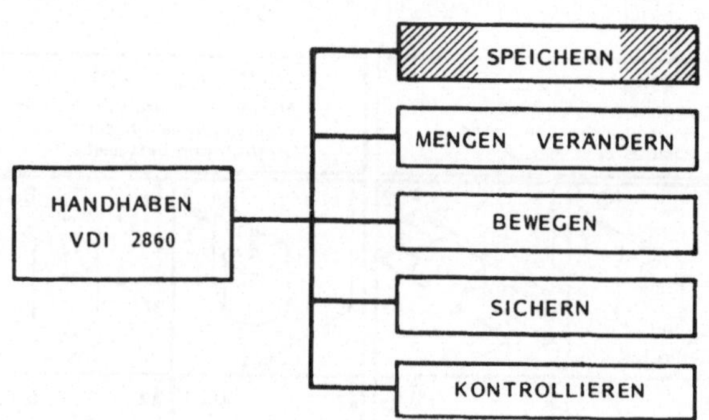

Bild 3 : Teilfunktionen des Handhabens

2.1.3   Speichern als Funktion des Handhabens

Speichern hat allgemein das Schaffen und Aufbewahren von Vorräten (Stoff, Energie, Information) zum Ziel /4/. Das Speichern stofflicher Vorräte findet innerhalb des Materialflusses statt. Zur Trennung zwischen "Lagern" und "Handhaben" muß die vorhandene Werkstückordnung herangezogen werden. Sind die zu speichernden Werkstücke ungeordnet, so ist die Funktion "Speichern" dem "Lagern" zuzuordnen, sind die Werkstücke jedoch teilgeordnet oder geordnet, so ist die Funktion "Speichern" dem "Handhaben" zuzurechnen. Zur Darstellung eines vollständigen Materialflusses -vom ungeordneten bis zum geordneten Werkstück- müssen sowohl Funktionen des Lagerns als auch des Handhabens benützt werden. Aus diesem Grund wird die Definition für das ungeordnete Speichern auch aus der VDI-Richtlinie 2860 übernommen:

Ungeordnetes Speichern	ist das Aufbewahren geometrisch bestimmter Körper, wobei der Ordnungszustand der Körper in allen Freiheitsgraden undefiniert ist.
Teilgeordnetes Speichern	ist das Aufbewahren geometrisch bestimmter Körper, wobei der Ordnungszustand der Körper nur in einem Teil der Freiheitsgrade definiert ist.
Geordnetes Speichern	ist das Aufbewahren geometrisch bestimmter Körper, wobei der Ordnungszustand der Körper in allen Freiheitsgraden definiert ist.

Die Grundfunktion Speichern ist losgelöst vom verwendeten Funktionsträger zu sehen. Begriffe wie Bunkern, Gurten, Magazinieren stammen vom verwendeten Funktionsträger wie Bunker, Gurt, Magazin. Während Bunkern eindeutig das ungeordnete Speichern von Werkstücken in einem abgegrenzten Raum bezeichnet, lassen Begriffe wie Gurten, Magazinieren, Stapeln, Paletieren keine eindeutige Aussage über den Ordnungszustand der gespeicherten Werkstücke zu.

2.1.4   Das Magazin als Funktionsträger

Der Speicher gilt als allgemeiner Funktionsträger für die Funktion Speichern und gibt keine Auskunft über den Ordnungszustand der gespeicherten Werkstücke. Nur in Verbindung mit den Adjektiven "ungeordnet", "teilgeordnet" oder "geordnet" ist der Ordnungszustand definiert.
Werkstückspeicher, die den für die Fertigung notwendigen Ordnungszustand aufrechterhalten, werden als Magazine oder Magazineinrichtungen bezeichnet. Sie haben die Aufgabe, Werkstücke vor, während und nach einzelnen Bearbeitungsschritten für eine bestimmte Zeit in einer räumlichen Anordnung aufzunehmen.

Magazineinrichtungen, die eine ebene Ausdehnung haben und auf denen die Werkstücke ruhen, werden vereinzelt als Plattenmagazine /5/ oder aber auch als Magazinpaletten /6/ bezeichnet. Da einerseits nicht alle ebenen Magazine auf Platten aufbauen, noch der Begriff "Palette" geeignet erscheint - Verwechslungen mit der Transportpalette nach DIN 15141 könnten auftreten - wird in den weiteren Ausführungen für diese Magazine der Begriff Flachmagazine verwendet.

2.1.5   Eingliederungsformen von Magazinen

Der Einsatz von Magazineinrichtungen in der Fertigung unterscheidet sich durch die unterschiedlichen Eingliederungsformen in den Materialfluß (<u>Bild 4</u>). Sind die Magazine ortsfest und in den Materialfluß eingebunden, so bezeichnet man die Magazine als integrierte Magazineinrichtungen. Stehen die Magazine einzeln und auswechselbar neben den Fertigungseinrichtungen, so werden die Magazine als separate Magazineinrichtungen bezeichnet.

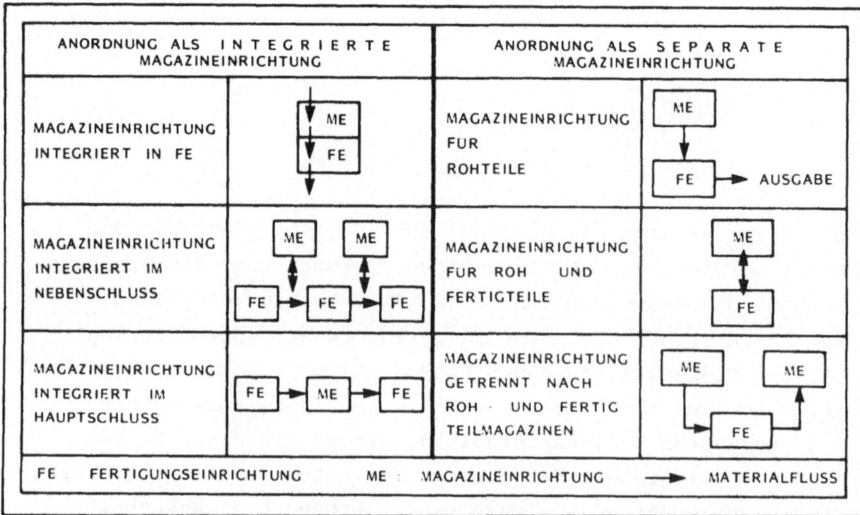

<u>Bild 4</u>:   Eingliederungsformen von Magazineinrichtungen

2.1.6 Das Magaziniersystem als Gesamtkonzept

Flachmagazine sind als separate Werkstückspeicher in der Fertigung selbständig nicht sinnvoll einsetzbar, da im Gegensatz zu den integrierten Werkstückspeichern ohne zusätzliche Systemkomponenten der Materialfluß nicht aufrechterhalten werden kann. Deshalb müssen sie in ein Magaziniersystem (Bild 5) eingegliedert werden. Diese Magaziniersysteme bestehen in der Regel aus folgenden Komponenten:

- Magazin für die Werkstückspeicherung
- Ladeeinrichtung für das Be- und Entladen der Werkstücke
- Decodiereinrichtung für die Erkennung von unterschiedlichen Magazinen
- Transport- und Speichereinrichtung für die Bereitstellung der Magazine

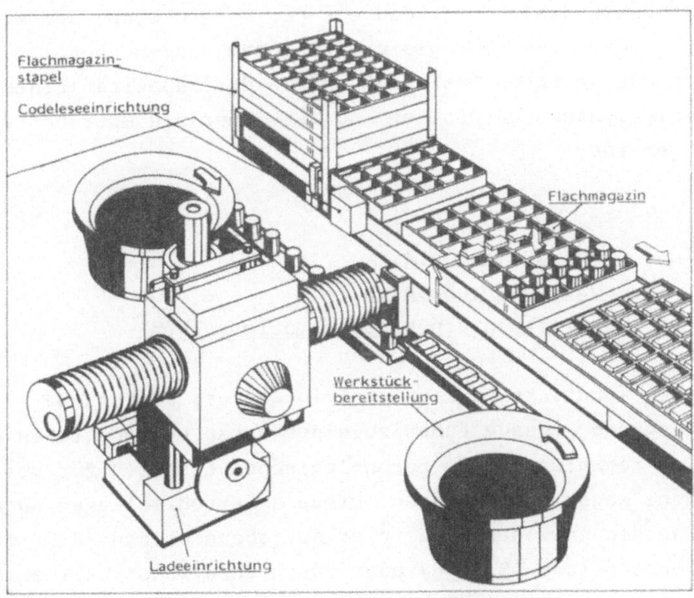

Bild 5: Magaziniersystem für das Beladen von Flachmagazinen mit unterschiedlichen Werkstücken

2.1.7   Die Flexibilität von Magaziniersystemen

Die rasche Entwicklung am Markt und in der Technik bedingt
eine Anpassung der Produktion in immer kürzeren Zeitabständen.
Diese Anpassungsfähigkeit - auch Flexibilität genannt - kann
u.a. durch den Einsatz von flexiblen Fertigungsmitteln erreicht werden /7/. Für Magaziniersysteme führt dies zur For-
derung, daß eine gewisse Produktflexibilität geschaffen werden
muß, um zumindest Werkstückvarianten magazinieren zu können.
Diese Flexibilität wird von allen Teilsystemen eines Magaziniersystems gleichermaßen gefordert.

2.1.8   Die Speicherkapazität von Magaziniersystemen

Unter Speicherkapazität eines Magaziniersystems versteht man
die Menge der zur Verfügung stehenden Speicherplätze im Verhältnis zum Raumangebot. Die Verbesserung der Speicherkapazität ist somit gleichbedeutend mit der Vergrößerung der Anzahl
von Speicherplätzen bei gleichbleibendem Raumangebot.
Wird in den weiteren Ausführungen von der Kapazität eines
Magaziniersystems gesprochen, so ist immer die Speicherkapazität gemeint.

2.2   Stand der Technik
2.2.1   Magazineinrichtungen
2.2.1.1   Kennzeichen von Magazineinrichtungen

Die große konstruktive Mannigfaltigkeit der Werkstücke in der
Fertigung und Montage führt zu einer entsprechend großen Anzahl von technischen und technologischen Lösungen für verschiedene Magazinieraufgaben. Diese unterschiedlichen Magazin-
arten werden entweder nach ihrer Aufgabenstellung /8,9/ durch
Funktionsbereiche (Bild 6) oder durch ihre konstruktiven Merkmale /10,11,12/ (Bild 7) gekennzeichnet.

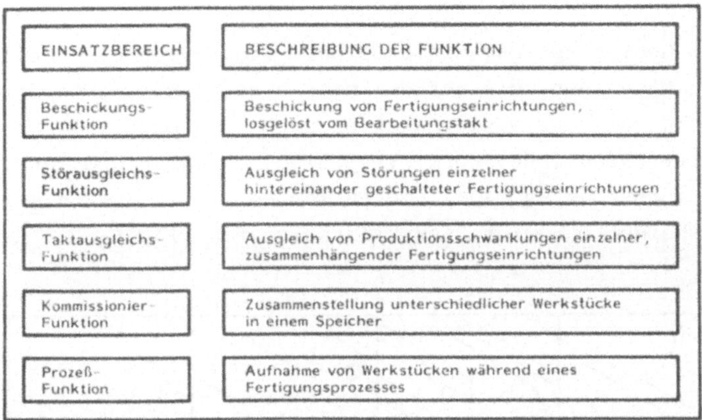

Bild 6: Einsatzbereiche von Magazineinrichtungen

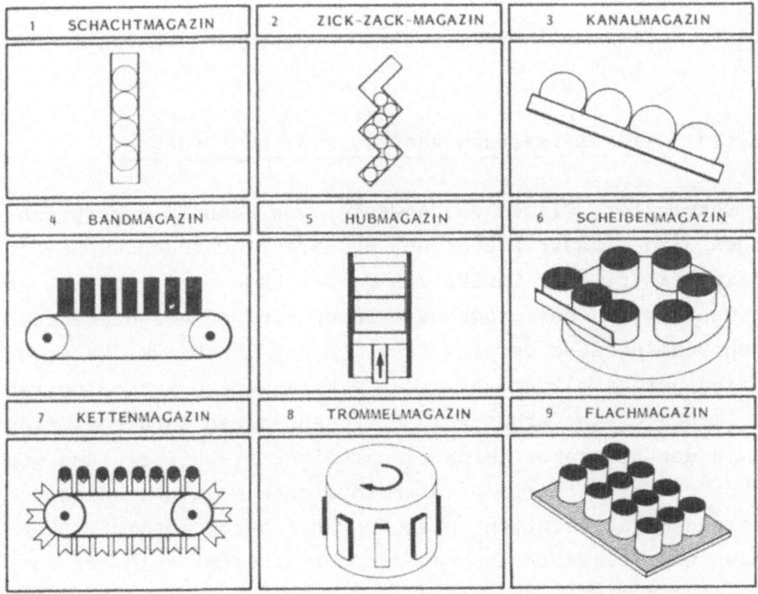

Bild 7: Konstruktive Ausführungsbeispiele von Magazinen

2.2.1.2 Flexibilität von Magazineinrichtungen

Auf dem Gebiet der Magaziniertechnik findet man eine große Anzahl an Magazinen, die auf definierte Werkstücke abgestimmt
sind, und nur sehr wenige Ausführungen, die auch Werkstücke
mit unterschiedlicher Form, verschiedenen Maßen und verschiedenen Eigenschaften magazinieren können /13,14/. Nach Bild 8
unterscheidet man vier Flexibilitätsstufen /15,16/.

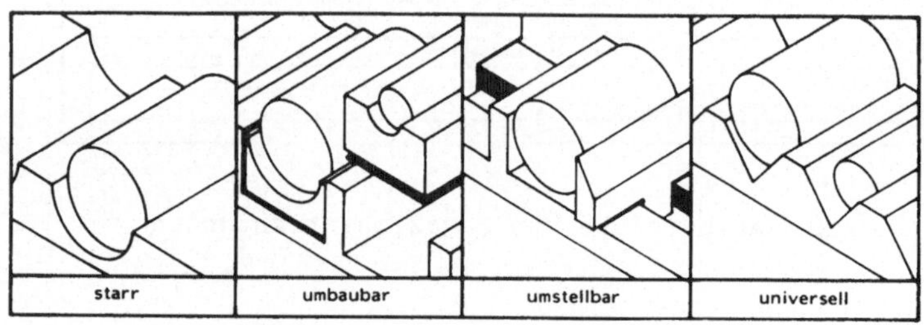

Bild 8:   Flexibilitätsstufen von Magazineinrichtungen

2.2.1.3 Klassifizierung von Magazineinrichtungen

Für Entwickler, Planer und Anwender von Handhabungseinrich-
tungen sind Klassifizierungen und darauf aufbauende Auswahl-
kataloge käuflicher Geräte von großer Bedeutung. So gibt es
für den Bereich der programmierbaren Handhabungsgeräte und
deren Baueinheiten bereits Kataloge /17/. Auch der Bereich der
Zubringegeräte allgemein wurde in Katalogform aufgearbeitet
/6/. Trotz dieser schon weit differenzierten Kataloge, findet
man in der Literatur keine einheitliche Klassifizierung von
Werkstückspeichern /18/. Im wesentlichen werden in diesen
Arbeiten Magazineinrichtungen entweder durch mögliche Bewegungen von Werkstück und Magazin oder aber mittels der Kon-
struktionsmerkmale klassifiziert. Diese Einteilungen sind aber
für eine Auswahl nicht ausreichend. Hierzu ist es erforderlich, weitere Klassifizierungsmerkmale zu berücksichtigen

und diese miteinander zu verknüpfen. Eine umfassende Beschreibung der Eigenschaften von Magazinen kann durch die folgenden Merkmale erfolgen:

- Beschreibung des Ordnungszustandes
- Werkstückbewegung
- Art der Werkstückbewegung

Mit diesen Klassifizierungsmerkmalen läßt sich ein Relevanzbaum mit drei Ebenen erstellen (<u>Bild 9</u>).

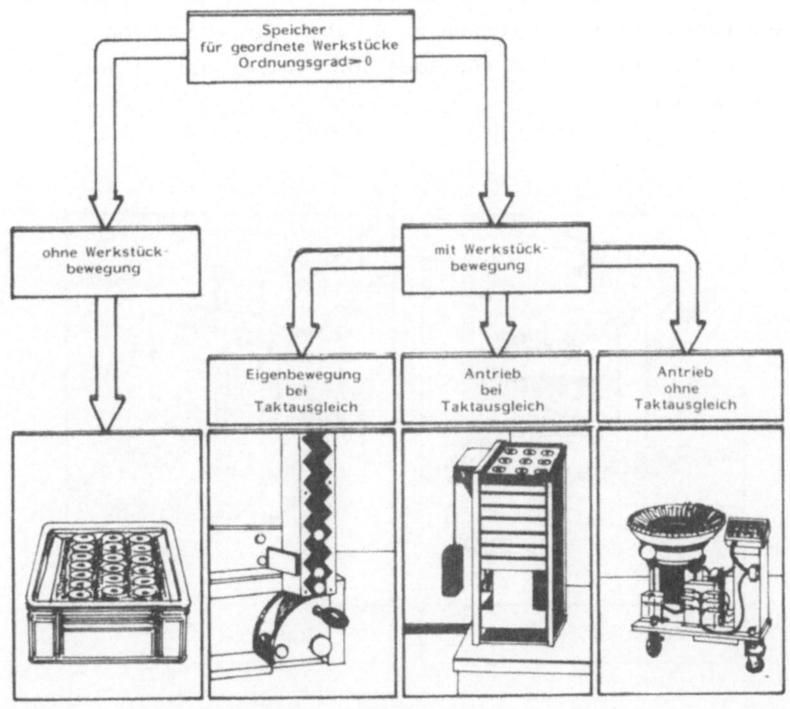

<u>Bild 9</u>:   Relevanzbaum für Magazineinrichtungen

2.2.2   <u>Das automatische Be- und Entladen von Magazinen</u>

Für das automatische Be- und Entladen von Magazinen, das zusammenfassend auch als Magazinieren bezeichnet werden kann,
kommen entweder Einzweck-Ladeeinrichtungen, die auf die Werkstückanordnung des Magazins abgestimmt sind, zum Einsatz, oder
es werden flexible Handhabungsgeräte für diese Aufgabe herangezogen (<u>Bild 10</u>). Während kostengünstige Einzweck-Ladeeinrichtungen nur eine begrenzte Anzahl unterschiedlicher Magazine und Werkstücke bei einem hohen Umrüstaufwand magazinieren
können, weisen kostspielige Magaziniersysteme mit Industrierobotern /19/ eine hohe Flexibilität auf.
Zwischen beiden Lösungsmöglichkeiten gibt es noch verschiedene
Ausführungsstufen. So können z. B. auch Einlegegeräte mit X-Y-
Tischen für das Be- und Entladen von Flachmagazinen herangezogen werden.

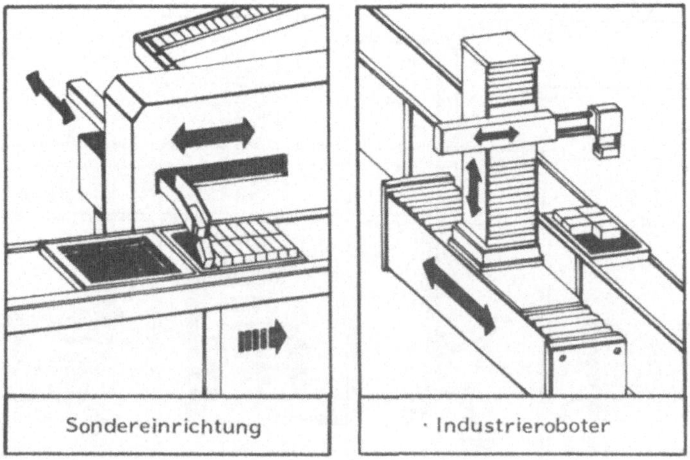

<u>Bild 10</u>:   Beispiele von unterschiedlichen Magazinladeein-
richtungen

3   Ansatzpunkte für die Verbesserung der Flexibilität
        und Kapazität in Magaziniersystemen

Während sich für die Systemkomponenten "Magazin", "Ladeeinrichtung" und "Decodiereinrichtung" allgemeingültige Ansatzpunkte zur Verbesserung der Flexibilität und Kapazität finden
lassen, wird die Bereitstellung der Magazine an der Schnittstelle zum Magaziniersystem so problemspezifisch ausgebildet,
daß es nicht sinnvoll ist, grundsätzliche Ansatzpunkte auszu-
arbeiten. Bei der Aufzählung der Ansatzpunkte werden die geeigneten Maßnahmen getrennt für die einzelnen Systemkomponenten aufgezeigt.

3.1   Ansatzpunkte bei der Magazinplanung

Maßnahmen zur Verbesserung der Flexibilität und Kapazität von
Magazinen müssen zur Erzielung einer optimalen Wirtschaftlichkeit schon im Planungsprozeß einsetzen. Die Einsatzplanung
untergliedert sich in verschiedene Teilschritte (Bild 11).

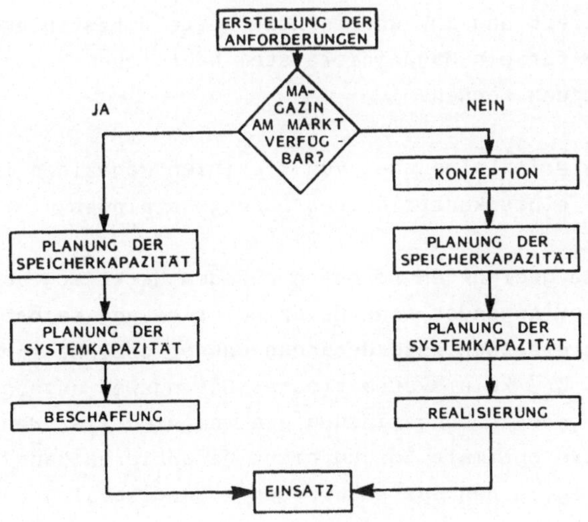

Bild 11: Ablaufschema für die Planung von Magazineinrichtungen

Ausgangspunkt für die Planung von Magazinen ist eine genaue
Beschreibung der Speicheraufgabe und die Erstellung eines An-
forderungsprofils, anhand dessen das Marktangebot nach geeigneten Einrichtungen untersucht wird. Sind geeignete Magazine am Markt nicht verfügbar, so müssen neue konzipiert
werden. Ein wichtiger Abschnitt in der Planungsphase ist die
Optimierung der ausgewählten Magazineinrichtung. Diese Phase
gliedert sich in Optimierung der Speicherkapazität und der
Systemkapazität. Während es Ziel der Speicherkapazitätsplanung
ist, den zur Verfügung stehenden Speicherraum optimal auszunützen, ist es Sinn der Systemkapazitätsplanung, die Anzahl
der eingesetzten Magazine in einem System zu minimieren. Für
den Planungsbereich lassen sich somit folgende Ansatzpunkte
zur Verbesserung von Flexibilität und Kapazität aufführen:

- Methoden zur Auswahl geeigneter am Markt
  vorhandener Magazine

Unsystematische Auswahlverfahren berücksichtigen bisher die
Kriterien Flexibilität und Kapazität nur unzureichend. Aus
diesem Grund muß eine Datenbank aufgebaut werden, aus der
zielorientiert und EDV-unterstützt mittels festzulegender Methoden die für ein Magaziniersystem käuflichen Magazine aus-
gesucht werden können.

- Prinziplösungen von flexiblen Magazinen im Rahmen
  eines konstruktiven Lösungskataloges

Falls keine geeigneten Lösungen auf dem Markt angeboten werden, muß der Anwender eine Magazineinrichtung selbst ent-
wickeln, die seinen Anforderungen entspricht. Da ihm für diese
Aufgabe z. Zt. kein systematischer Lösungsweg angeboten wird,
wurde bei jeder Lösungsfindung ein individueller Weg beschritten, der die optimale Lösung nicht garantieren kann. Deshalb
ist es nötig, einen systematischen Lösungskatalog für flexible
Magazinprinziplösungen aufzubauen und dem Entwickler an die
Hand zu geben.

- Methoden zur Optimierung der Speicherkapazität

Bei manueller Festlegung des Belegungsmusters von Werkstückma-
gazinen weisen diese in der Regel nicht die optimale Speicherkapazität auf. Durch die Vielzahl der eingesetzten Magazine
ergibt sich aus einer nicht optimalen Magazinbelegung ein
Produktivitätsverlust, dem durch entsprechende Belegungsstrategien abgeholfen werden muß. Um diese Lücke zu schließen,
müssen Algorithmen entwickelt werden, die EDV-unterstützt die
Speicherkapazität von Flachmagazinen systematisch maximieren.

- Methoden zur Optimierung der Systemkapazität

In Abhängigkeit des Materialflusses müssen in einem System
eine bestimmte Anzahl von Magazinen eingesetzt werden. Ziel
der Optimierung der Systemkapazität ist die Minimierung der
eingesetzten Anzahl. Diese Aufgabenstellung wurde in verschiedenen Arbeiten /20,21/ abgehandelt, so daß diese Problematik im Rahmen dieser Arbeit nicht behandelt werden muß.

3.2   Ansatzpunkte beim Be- und Entladen der Magazine

Das automatische Be- und Entladen von Magazinen kann für das
erstmalige Befüllen leerer Magazine mit Werkstücken, für die
Beschickung von Fertigungseinrichtungen mit magazinierten
Werkstücken oder für das Entleeren der Magazine nötig sein.
Durch den Einsatz der Ladeeinrichtung in der flexiblen Ferti-
gung müssen unterschiedliche Magazine be- und entladen werden.
Aus diesen Aufgabengebieten lassen sich folgende Entwicklungs-
schwerpunkte ableiten:

- Einsatz flexibler Handhabungskomponenten

Beim flexiblen Magazinieren müssen Werkstücke an unterschiedlichen Positionen gegriffen werden. Diese freie Positionier-
barkeit weisen herkömmliche Magazin-Ladeeinrichtungen nicht
auf, so daß diese Aufgabe mit Elementen der flexiblen Hand-

habungstechnik gelöst werden muß. Betrachtet man bisherige
Einsatzfälle, so kann man feststellen, daß es kein einheit-
liches kinematisches Konzept für diese Aufgabe gibt. Somit ist
die Entwicklung eines optimalen Konzeptes ein Teilbereich der
Gesamtmaßnahmen zur Verbesserung der Flexibilität und Kapazität von Magaziniersystemen.

- Minimierung des Programmieraufwandes durch eine
rechnerunterstützte Programmierung

Durch die große Zahl von Werkstücken, die in der Werkstückspeichertechnik vorkommen, nimmt die Programmierung eines
Magaziniersystems einen hohen Zeitaufwand in Anspruch. Bei
einer großen Zahl unterschiedlicher Magazine und bei kleinen
Losgrößen kommt es oft vor, daß der Programmieraufwand den
Einsatz eines Magaziniersystems unwirtschaftlich macht. Andererseits haben Magazine aufgrund der bekannten Werkstückanordnung sehr gute Voraussetzungen für eine automatische Bestimmung des Handhabungsablaufes. Daraus ergibt sich die
Möglichkeit, weitgehend auf eine manuelle Programmierung zu
verzichten und die Steuerdaten für den Handhabungsablauf
automatisch zu gewinnen.

- Entwicklung eines Verfahrens für die Identifizierung von Magazinen und Bestimmung der Belegung

Der Einsatz von Magazinladeeinrichtungen in der flexiblen Fertigung setzt voraus, daß unterschiedliche Magazine identifi-
ziert werden. Diese Identifizierung muß einen Zusammenhang
zwischen dem Magazininhalt und dem Bewegungsmuster herstellen.
Weiterhin kann bei zunehmender Bearbeitungsstufe der Werkstücke festgestellt werden, daß durch ausgeschleuste Ausschuß-
und Nacharbeitsteile auf einem Flachmagazin Leerplätze entstehen. Diese Fehlstellen müssen aber aus Taktzeitgründen vor
dem Magaziniervorgang erkannt werden. Deshalb muß für diese
Aufgabenstellung ein Verfahren zur Bestimmung der Magazinbelegung entwickelt werden.

Die aufgezeigten Entwicklungsschwerpunkte für Magaziniersysteme sind zusammenfassend in <u>Bild 12</u> dargestellt.

Magazineinrichtungen	Ladeeinrichtungen
Methoden zur Auswahl von Magazineinrichtungen	Entwicklung einer flexiblen Be- und Entladeeinrichtung
Lösungskatalog für flexible Magazinprinzipien	Aufbau einer rechnerunterstützten Programmierung
Methoden zur Optimierung der Speicherkapazität	Verfahren für die Magazinidentifizierung und die Auswertung der Belegung

<u>Bild 12</u>: Entwicklungsschwerpunkte zur Verbesserung der
Flexibilität und Kapazität in Magaziniersystemen

Die auf Flachmagazine eingeschränkte Betrachtungen sind sinnvoll, weil sich einerseits ein Flachmagazin leicht auf ein
linienförmiges Magazin reduzieren, oder auf ein räumliches
ergänzen läßt, andererseits immer mehr Flachmagazine durch die
günstige Kostensituation in der Fertigung eingesetzt werden
/22,23/. Die preiswerte Herstellung von Flachmagazinen läßt
sich darauf zurückführen, daß die Werkstücke auf dem Magazin
ruhen und keine aufwendige Antriebstechnik für die Werkstück-
bewegungen nötig wird /24/.

Die erkannten Entwicklungsschwerpunkte werden in den nächsten
Kapiteln aufbauend auf wissenschaftlichen Grundlagen ausge-
arbeitet und beispielhaft für ein Magaziniersystem mit Flachmagazinen realisiert.

4	Maßnahmen in der Auswahl- und Konzeptionsphase
4.1	Auswahl von flexiblen Flachmagazinen
4.1.1	Flexibilitätskriterien von Flachmagazinen

Die Flexibilität von Flachmagazinen läßt sich durch eine
geeignete Wahl der Werkstücksicherung erreichen. Die dazu
geeigneten Wirkprinzipien sind Formschluß und Kraftschluß.
Magazine, die den Ordnungszustand von Werkstücken durch Formschluß sichern, werden in ihrer Flexibilität danach unterschieden, ob das Magazin mit unveränderlichen Begrenzungs-
flächen (forminvariabel) oder mit veränderlichen Begrenzungs-
flächen (formvariabel) ausgestattet ist. Erfolgt die Werkstücksicherung über Kraftschluß, so unterscheidet man nach
nicht aufhebbarem Kraftschluß (kraftinvariabel) und nach
Prinzipien, die ein Aufheben des Kraftschlusses zulassen
(kraftvariabel).
Forminvariable Magazine sind demnach starr aufgebaut und auf
ein Werkstück oder eine Werkstückfamilie ausgerichtet.
Formvariable Magazine erreichen durch verstellbare Form - oder
Füllelemente, die entweder vor, während oder nach dem eigentlichen Magaziniervorgang der neuen Werkstückkontur angepaßt
werden, eine Anpaßflexibilität an unterschiedliche Werkstückformen.
Kraftinvariable Magazine haben zum Kennzeichen, daß beim
Entladen der Magazine der Kraftschluß überwunden werden muß.
Kraftvariable Magazine arbeiten mit veränderlichem Kraftschluß, sei es durch Veränderung des Wirkortes, der Wirkrich-
tung oder des Wirkbetrages.

| 4.1.2 | Auswahlmerkmale von Magazinen |

Zur Charakterisierung und Bewertung von Magazineinrichtungen
werden in der Literatur und von den Herstellern eine Reihe von
Merkmalen als Eigenschaften für Magazine aufgeführt /5,6,25/.
Für eine gezielte Auswahl müssen diese Merkmale ergänzt und
gegliedert werden (Bild 13).

A	Ordnungszustand der gespeicherten Werkstücke	ungeordnet	teilgeordnet	geordnet	
	Ausdehnung des Magazines	Linien - speicherung	Flächen - speicherung		
	Eingliederung in den Materialfluß	separates Magazin	Nebenschluß - magazin	Hauptschluß - magazin	
	Zugriff auf das gespeicherte Werkstück	first in - first out	first in - last out	sequentiell	wahlfrei
	Sicherung des Ordnungszustandes	Formschluß	Kraftschluß		
	Werkstückbewegung im Magazin	ohne Bewegung	Eigen - bewegung	Ausgleichs - bewegung	Zwangs - bewegung
	Transportfähigkeit des Magazins	konstruktiv vorgesehen	bedingt möglich	nicht möglich	
	Tragfähigkeit	Angabe in N			
	Benötigte Stellfläche	Angabe in m²			
	Flexibilitätsstufe	starr	umbaubar	umstellbar	universell
B	Art des Einsatzes	Beschickungs - magazin	Störausgleichs- magazin	Kommissionier- magazin	Taktausgleichs magazin
	Automatisches Be- und Entladen	möglich	bedingt möglich	nicht möglich	
	Umwelteinflüsse	Temperatur	Öle / Fette	Staub / Späne	Säuren
C	Speicherbare Werkstückform	Kugelteile	Zylinderteile	Kegelteile	Pilzteile
	Anforderungen an das Magazin	Größe / Gewicht	Oberflächen - empfindlichkeit	Bruch - empfindlichkeit	Stabile Lage
D	Anzahl der maximalen Speicherplätze	Angabe in Stück			
	Kosten des Magazins	Angabe in DM			

A: Merkmale zur konstruktiven Beschreibung   C: Merkmale zum Werkstück

B: Merkmale zum Einsatz   D: Merkmale zur Wirtschaftlichkeit

Bild 13:   Merkmale und Merkmalsausprägungen von Magazinen

4.1.3   Kennzahlen für den Vergleich von Magazinen

Die großen Datenmengen, die Flachmagazine auszeichnen, lassen
einen Vergleich nur schwer zu. Aus diesem Grund ist es wichtig, Kennzahlen zu schaffen, die den direkten Vergleich von
Flachmagazinen erleichtern.

In Bild 14 sind die Kennzahlen beschrieben und ihre funktio-
nale Abhängigkeit aufgezeigt.

Speicherkapazität	$\dfrac{\text{maximale Anzahl der Werkstücke}}{\text{Raumbedarf des Magazins}}$	$Sk = \dfrac{n_{max}}{V_{me}}$
Packungs-verhältnis	$\dfrac{\text{maximale Anzahl der Werkstücke} * \text{Flächenbedarf eines Werkstücks}}{\text{Nutzfläche des Magazins}}$	$Pv = \dfrac{n_{max} * Aw}{A_{me}}$
Flächen-nutzungsgrad	$\dfrac{\text{Anzahl der Werkstücke}}{\text{Stellfläche des Magazins}}$	$Ng = \dfrac{n_{max}}{A_s}$
Einzelnutzlast	$\dfrac{\text{maximale Belastung des Magazins}}{\text{maximale Anzahl der Werkstücke}}$	$Fn = \dfrac{F_{max}}{n_{max}}$

Bild 14:   Kennzahlen von Magazinen

4.1.4   Rechnerunterstützte Magazinauswahl

Aufgrund der großen anfallenden Datenmengen und des damit
verbundenen Aufwandes für den Vergleich unterschiedlicher
Magazine empfiehlt sich der Einsatz elektronischer Datenver-
arbeitung. Ähnliche Erfahrungen wurden bei der Auswahl von
Handhabungsgeräten, wie der Auswahl von Industrierobotern /26/
und Ordnungseinrichtungen /27/, bereits gemacht. Voraussetzung
für die rechnerunterstützte Auswahl ist einerseits das Erstellen eines Serviceprogrammes, das die Auswahl gestattet,
andererseits eine Datenbank mit den spezifischen Magazindaten,
auf die der Rechner während des Auswahlvorganges Zugriff hat.

4.1.4.1 Anforderungen an das Auswahlprogramm

Grundlage für die Auswahl von Magazineinrichtungen bilden Da-
teien, die so strukturiert sein müssen, daß sie auf einer EDV-
Anlage abgespeichert werden können /28/. Die EDV-gestützte
Auswahl von Magazinen gliedert sich in drei Teilabschnitte:

- Aufbau von Dateien,
- Pflege von Dateien und
- Auswahl gesuchter Geräte mit Ergebnisprotokoll

Entsprechend dieser Gliederung werden auch unterschiedliche
Anforderungen an die Programmteile gestellt. Der Aufbau und
die Pflege von Dateien erfordern ein für den Benutzer komfor-
tables Programm, das eine übersichtliche Eingabe und Korrektur
zuläßt. In dieses Programm werden die Merkmalsausprägungen der
Magazine (Kap. 2.2.1.1) übernommen und die Ausprägungen aller
vorhandener Magazintypen vom Bediener eingegeben. Andere
Anforderungen stellt die Dateipflege. Für diesen Fall muß es
möglich sein, bei bestimmten Magazinen ausgewählte Merkmale zu
löschen oder zu ändern oder alle Daten eines Gerätes aus der
Datei zu entfernen.

4.1.4.2 Programmtechnische Realisierung

Das realisierte Programm wurde in der Programmiersprache
"BASIC" erstellt und entsprechend den einzelnen Aufgabenbe-
reichen in drei Programmpakete gegliedert:

- Eingabeprogrammpaket,
- Serviceprogrammpaket und
- Auswahlprogrammpaket

Mit diesen Programmpaketen kann einerseits die Magazindaten-
bank auf dem neuesten Stand gehalten werden und zum zweiten
können bei festliegenden Spezifikationen aus der Datenbank
geeignete Magazine ausgewählt werden. Das Ergebnis wird über
einen Druckerausdruck (Bild 15) dokumentiert.

```
**********************************************************
                      44

HERSTELLER:                          W + M AUTOMATION
STRASSE    :                         MAINZERSTR. 49
ORT        :                         6200 WIESBADEN
TEL        .                         06121 / 7 78 41

------------------------------------------------------------

MAGAZINTYP                            CONTAINERMAGAZIN
KONSTRUKTIONSMERKMALE                 KETTENMAGAZIN
ORDNUNGSZUSTAND                       TEILGEORDNET
BAUAUSFUEHRUNG                        UMSCHLIESSEND
AUSDEHNUNG DER WERKSTUECKSPEICHERUNG  RAUM
EINGLIEDERUNG IN DEN MATERIALFLUSS    SEPARAT
ZUGRIFF AUF DAS GESPEICHERTE WERKSTUECK FIRST-IN FIRST-OUT
ART DER SICHERUNG                     FORM
WERKSTUECKBEWEGUNG IM MAGAZIN         ZWANGSBEWEGUNG
TRANSPORTFAEHIGKEIT                   NEIN
TRAGFAEHIGKEIT DES MAGAZINS IN N      30000
BENOETIGTE STELLFLAECHE IN M↑2        1.4
FLEXIBILITAETSSTUFE                   UMBAUBAR
ART DES EINSATZES                     BESCHICKUNG
AUTOMATISCHE BE- UND ENTLADUNG        MOEGLICH
UMWELTEINFLUESSE                      -
SPEICHERBARE WERKSTUECKFORM     .     KEINE WIRRTEILE
ANFORDERUNG AN WERKSTUECKEIGENSCHAFT  -
ANZAHL DER MAX. WERKSTUECKPLAETZE     -
KOSTEN EINES SPEICHERPLATZES IN DM    -

------------------------------------------------------------

                      45

MAGAZINTYP                            GITTERBOXPALETTENMAGAZIN
KONSTRUKTIONSMERKMALE                 TROMMELMAGAZIN
ORDNUNGSZUSTAND                       TEILGEORDNET
BAUAUSFUEHRUNG                        UMSCHLIESSEND
AUSDEHNUNG DER WERKSTUECKSPEICHERUNG  SENKRECHTE FLAECHENSPEICHERUNG
EINGLIEDERUNG IN DEN MATERIALFLUSS    HAUPTSCHLUSS
ZUGRIFF AUF DAS GESPEICHERTE WERKSTUECK FIRST-IN FIRST-OUT
ART DER SICHERUNG                     FORM
WERKSTUECKBEWEGUNG IM MAGAZIN         ZWANGSBEWEGUNG
TRANSPORTFAEHIGKEIT                   NEIN
TRAGFAEHIGKEIT DES MAGAZINS IN N      20000
BENOETIGTE STELLFLAECHE IN M↑2        1.03
FLEXIBILITAETSSTUFE                   UMBAUBAR
ART DES EINSATZES                     BESCHICKUNG
AUTOMATISCHE BE- UND ENTLADUNG        MOEGLICH
UMWELTEINFLUESSE                      -
SPEICHERBARE WERKSTUECKFORM           ZYLINDER/BLOCK
ANFORDERUNG AN WERKSTUECKEIGENSCHAFT  KLEMMBAR
ANZAHL DER MAX. WERKSTUECKPLAETZE     -
KOSTEN EINES SPEICHERPLATZES IN DM    -
```

Bild 15: Ausdruck von zwei ausgewählten Magazinen

4.2   Konzeption flexibler Flachmagazine

Können für einen Einsatzfall keine geeigneten Flachmagazine
auf dem Markt gefunden werden, so muß der Planer neue konzipieren. Die Konzeption beginnt mit der Zerlegung eines Magazins in einzelne Funktionselemente (Bild 16), die zur Erfül-
lung der Gesamtfunktion nötig sind. So wird die Sicherung des
Ordnungszustandes von den Sicherungselementen gewährleistet.
Diese können nach verschiedenen Kriterien aufgebaut sein
(siehe Kap. 4.1.1). Das Rahmenelement hat die Aufgabe, das
Magazin zu stabilisieren und ist sehr oft mit den Stapelelementen, welche die Standsicherheit der gestapelten Magazine
gewährleisten, kombiniert. Das Transportelement bildet die
Schnittstelle zum Fördermittel und sichert die Transportfähig-
keit des Magazins auf Bändern, Rollenbahnen und in Hängeför-
derern. Als letztes bleibt noch das Informationsspeicherele-
ment zu erwähnen, welches Informationen über gespeicherte
Werkstücke, Belademuster u.a. enthält.

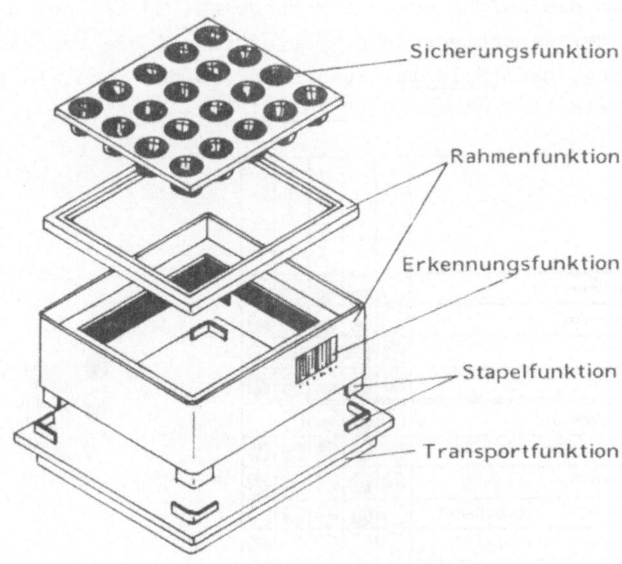

Bild 16:   Funktionselemente eines Flachmagazins

4.2.1   Entwicklung von flexiblen Prinziplösungen

Um möglichst viele Lösungen zu erfassen, wurde eine morphologische Vorgehensweise gewählt. Dabei ist es sinnvoll, von
den Auswahlkriterien "Fertigungsverfahren" /29/, "Werkstoff"
und "Halteprinzip" (Bild 17) auszugehen.

1 Fertigungsverfahren	2 Werkstoff	3 Halteprinzip
1.1 Urformen	2.1 Holz	3.1 Schwerkraft
1.2 Umformen	2.2 Gummi	3.2 Seitl. Führung
1.3 Trennen	2.3 Schaumstoff	3.3 Klebstoff
1.4 Fügen	2.4 Thermoplast	3.4 Elast. Kräfte
	2.5 Metall	3.5 Lösbare Verbindung
		3.6 Magnetkraft

Bild 17:   Auswahlkriterien und Ausprägungen

Wendet man die morphologische Methode an, so ist bei der Kom-
bination der verschiedenen Ausprägungen auf die Verträglichkeitsbedingungen (Bild 18) zu achten, so daß sich als Ergebnis
zwanzig Prinziplösungen (Bild 19-22) zusammenfassen lassen.

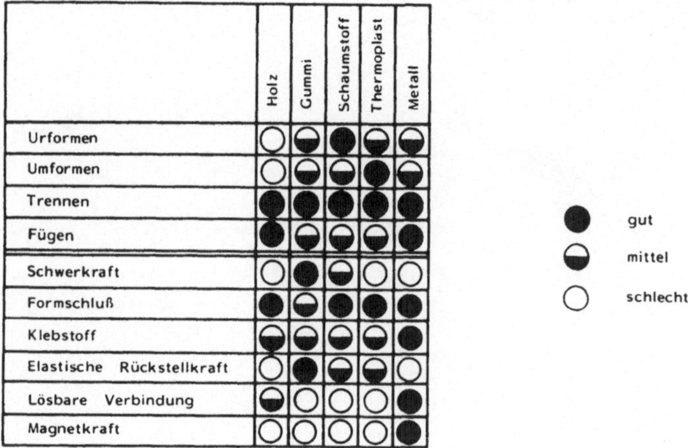

Bild 18:   Verträglichkeitsbedingungen der Merkmalsausprägungen

FORMINVARIABLE	SPEICHERPRINZIPIEN		
Formschluß	Prinzipdarstellung	Formschluß	Prinzipdarstellung
Urformen	Umgießen der Werkstücke	Urformen	Umschäumen der Werkstücke
Umformen	Abformen ohne Werkzeug	Umformen	Tiefziehen mit Werkzeug
Trennen	Eindrücken in weiches Material	Fügen	Umbauen des FME

Bild 19: Forminvariable Prinzipien

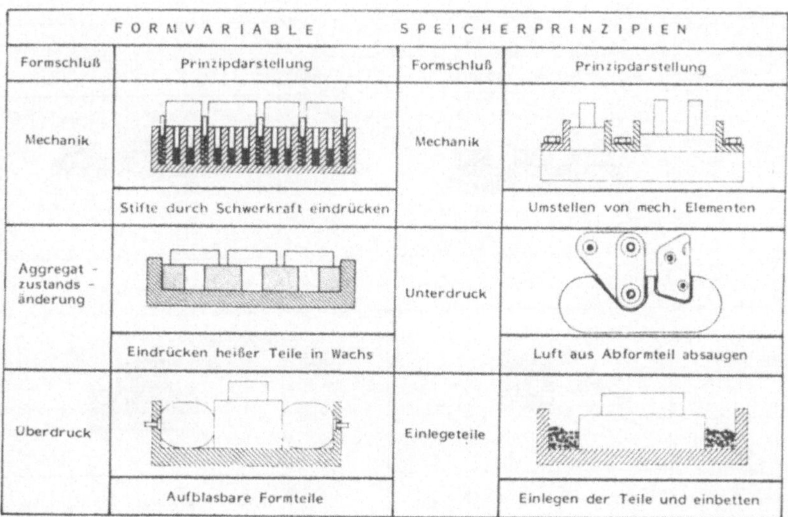

FORMVARIABLE	SPEICHERPRINZIPIEN		
Formschluß	Prinzipdarstellung	Formschluß	Prinzipdarstellung
Mechanik	Stifte durch Schwerkraft eindrücken	Mechanik	Umstellen von mech. Elementen
Aggregat-zustands-änderung	Eindrücken heißer Teile in Wachs	Unterdruck	Luft aus Abformteil absaugen
Überdruck	Aufblasbare Formteile	Einlegeteile	Einlegen der Teile und einbetten

Bild 20: Formvariable Prinzipien

KRAFTINVARIABLE SPEICHERPRINZIPIEN			
Kraftmittel	Prinzipdarstellung	Kraftmittel	Prinzipdarstellung
Elektrische Energie	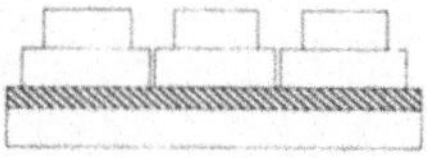 Permanentmagnetspannplatte	Reibung	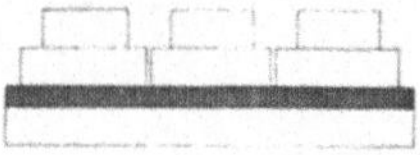 Auflegen auf Reibauflageflächen
Adhäsion	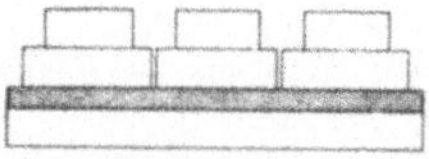 Aufkleben von Werkstücken	Mechanik	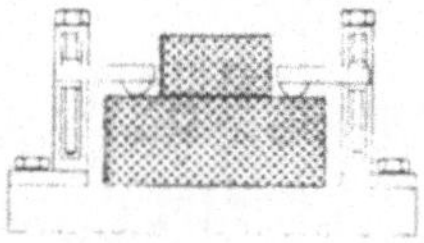 Fixieren mit mech. Spannelementen

Bild 21: Kraftinvariable Prinzipien

KRAFTVARIABLE SPEICHERPRINZIPIEN			
Kraftmittel	Prinzipdarstellung	Kraftmittel	Prinzipdarstellung
Elektrische Energie	 Elektromagnetische Spannplatte	Unterdruck	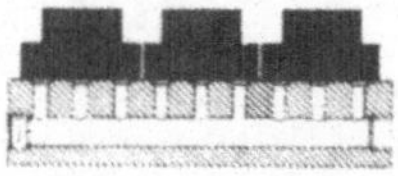 Vakuumspannplatte
Druck	Fixieren mit pneu. Spannmitteln	Mechanik	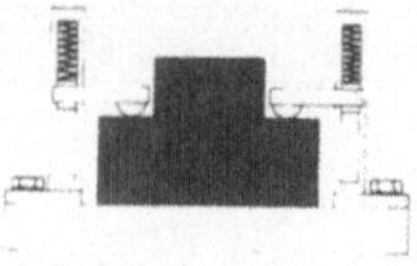 Fixieren mit Federspannelementen

Bild 22: Kraftvariable Prinzipien

4.2.2   Bewertung der Prinziplösungen

Die in Kap. 4.2.1 entwickelten Prinziplösungen werden in Bild 23 bewertet.

#	Prinzipien	Flexibilität	Handhabung	Teileabhängigkeit	Werkstattauglichkeit	Werkstücksicherung	Kapazität	Entwicklungslücke	Prinzip nachvollziehbar	Entwicklung am Markt
1	Umgießen der Werkstücke	○	◐	◐	●	●	◐		●	
2	Umschäumen der Werkstücke	○	◐	◐	●	●	◐		●	
3	Abformen der Werkstücke	○	◐	◐	●	●	◐	●		
4	Tiefziehen mit Werkzeug	○	○	○	●	●	◐			●
5	Eindrücken der Werkstücke	○	◐	●	○	○	○		●	
6	Umbauen von Elementen	○	●	◐	●	●	○			●
7	Eindrücken von Stiften	●	◐	●	●	◐	●	●		
8	Umstellen von Elementen	●	●	◐	●	●	◐			●
9	Eindrücken in Masse	●	◐	●	○	●	●		●	
10	Einbetten der Werkstücke	●	○	●	○	○	●		●	
11	Aufblasbare Formteile	●	○	○	○	◐	○		●	
12	Vakuumverfahren	●	●	●	○	●	○		●	
13	Permanentmagnetspannplatte	◐	○	○	○	●	●		●	
14	Fixieren durch Adhäsion	◐	○	○	◐	◐	●			●
15	Fixieren durch Reibkräfte	◐	●	○	●	○	●		●	
16	Fixieren mit mech. Spannm.	◐	○	◐	◐	●	○		●	
17	Elektromagn. Spannplatte	●	●	◐	○	●	●		●	
18	Vakuumspannplatte	●	●	○	◐	◐	◐		●	
19	Pneumatische Spannelemente	●	●	◐	○	●	○		●	
20	Federspannelemente	●	○	◐	◐	●	◐	●		

● gut   ◐ mittel   ○ schlecht

Bild 23: Bewertung der Prinziplösungen

4.2.3   <u>Beschreibung von Ausführungsbeispielen</u>

Die aufgezeigten Prinziplösungen sind zum Teil am Markt er-
hältlich, zum Teil sind die Prinzipien von anderen Bereichen
her bekannt und können daher leicht auf das Magaziniergebiet
übertragen werden, und zum Teil stellen die aufgeführten Maga-
zinprinzipien Entwicklungslücken dar, die mit Realisierungen
ausgefüllt werden müssen (Bild 23). So werden im Rahmen dieser
Arbeit speziell das Magazinieren in direkter Abformtechnik,
das Eindrücken von Stiften durch Schwerkraft und das Magazinieren durch Federspannelemente beispielhaft verwirklicht.

4.2.3.1   <u>Magazinieren im Abformmagazin</u>

Das Kunststoffmagazin ist ein typischer Vertreter des Ein-
zweckmagazins mit forminvariablen Merkmalen. Es kann in der
Spritzgießtechnik, im Vakuumtiefziehverfahren oder durch ein
Schäumverfahren hergestellt werden. Gegenüber der Schäum- und
Spritzgießtechnik kommt das Vakuumtiefziehverfahren mit ge-
ringeren Form- und Maschinenkosten aus. Allerdings sind oft
auch diese Fixkosten der Tiefziehtechnik für die Herstellung
von Magazinen in der Kleinstserie nicht tragbar, so daß nach
neuen Wegen für die Herstellung von Kunststoffmagazinen gesucht werden muß. Zugeschnitten auf diese Entwicklungslücke
wurde das Abformmagazin entwickelt. Durch einen neuen Ver-
fahrensablauf, der inzwischen patentiert wurde /30/, ist es
gelungen, ganz auf Werkzeugformen zu verzichten. Die einzelnen
Forderungen, die an das Verfahren gestellt wurden, sind:

  - Einfache Fertigungseinrichtung, ohne hohen tech-
    nischen Aufwand, jedoch mit der Möglichkeit,
    die Herstellung zu automatisieren.

  - Wenig Materialaufwand, um Materialkosten, Lager-
    kosten etc. zu sparen. Nicht zuletzt ist durch
    das Einsparen von Material für ein leichtgewich-
    tiges Magazin zu sorgen.

- Eigenstabilität, sowohl des leeren als auch des
  gefüllten Kunststoffmagazins. Die Eigenstabilität
  der Kunststoffolie hängt vom Material, der Mate-
  rialstärke und dem Verformungsgrad ab.

- Einfacher Transport der einzelnen Magazine.
  Hierzu muß unterschieden werden zwischen direktem
  Transport ohne Transportrahmen sowie Transport in
  einem Transportbehälter. Für den Transport mit
  und ohne Spannrahmen wird an der Kunststoffolie
  ein Spannrand mit ca. 1 cm gefordert.
  Beim Transport ohne Rahmen muß das Magazin biege-
  steif sein.

- Stapelbarkeit des Magazins. Die einfachste Art
  diese Frage zu lösen ist der Transport in einem
  stapelbaren Transportbehälter oder Transportrahmen. Wird das Magazin ohne stapelbare Hilfs-
  mittel transportiert, muß mit geeigneten Form-
  elementen eine Stapelbarkeit der Kunststoffolie
  selbst erreicht werden.

Die aufgeführten Anforderungen lassen sich durch den Verfah-
rensablauf in Bild 24 erfüllen.

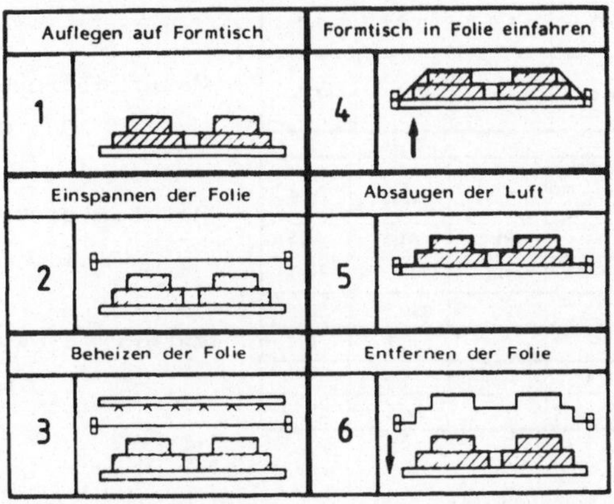

Bild 24:   Herstellungsablauf beim Vakuumtiefziehverfahren

Ein Satz Werkstücke wird auf dem Formtisch einer handelsüblichen Thermoumformmaschine aufgelegt. Die Position und Anordnung der Werkstücke wird durch Abstandshalter, z.B. Leisten
oder mittels anderer Befestigungsmethoden, z.B. Kleben, gesichert. Nachdem die in den Spannrahmen gespannte Kunststoffolie
bis zum plastischen Bereich erwärmt ist, werden die Werkstücke
in die Folie gedrückt und die Luft in den Zwischenräumen wird
abgesaugt. Nach dem Formvorgang und dem anschließenden Ab-
kühlen werden die Werkstücke entformt. Dieses Entformen wird
aufgrund der speziell eingestellten Verarbeitungsparameter
wie Heizleistung, Heizdauer, Vakuum, Formzeit und Abkühlzeit
ermöglicht. Diese Verarbeitungsparameter (<u>Bild 25</u>) sind abhängig von der Foliendicke und dem Kunststoffmaterial. Sie
wurden in Versuchsreihen ermittelt.

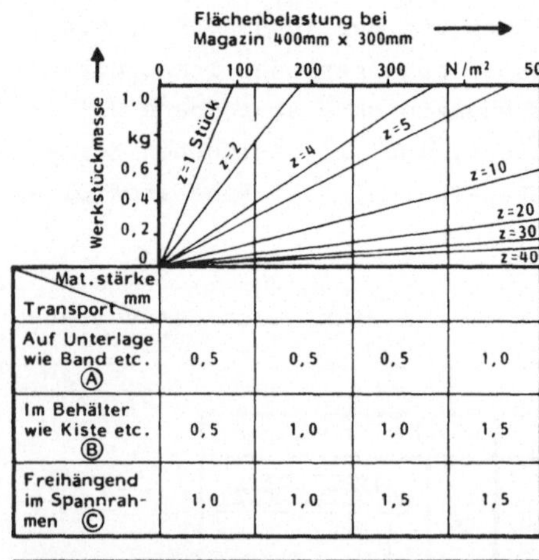

Beispiel:

Magazinformat
400 mm x 300 mm

Werkstückgewicht 0.6 kg
Werkstückanzahl 4 Stck
Flächenbelastung 200 N/mm²

Materialdicke im Fall A
0.5 mm

Materialdicke im Fall B
1.0 mm

Materialdicke im Fall C
1.0 mm

Transport / Mat.stärke mm				
Auf Unterlage wie Band etc. (A)	0,5	0,5	0,5	1,0
Im Behälter wie Kiste etc. (B)	0,5	1,0	1,0	1,5
Freihängend im Spannrahmen (C)	1,0	1,0	1,5	1,5

Verarb.-parameter /Dim. / Materialdicke mm		0,5	1,0	1,5
Material	—	PVC	ABS	ABS
Heizleistung	kW/m²	25,7	17,1	17,1
Heizdauer	s	15	35	60
Vakuum	—	0,85	0,5	0,3
Formzeit	s	4	5	7
Abkühlzeit	s	3	4,5	6

<u>Bild 25</u>: Diagramm zur Ermittlung der Materialdicke und
Verarbeitungsparameter

Bei entsprechend dem Bild 25 gewählten Verarbeitungsparametern
erhält man Magazine, die sich in sehr kurzer Zeit ohne großen
Umrüstaufwand herstellen lassen. Die Positionsstreubreite der
gespeicherten Werkstücke beträgt ± O.5 mm. Durch den schwachen
Verformungsgrad erhält man Einführschrägen, so daß sich die
Werkstücke automatisch magazinieren lassen.
Um während des Transportes von Flachmagazinen das benötigte
Transportvolumen zu minimieren, ist es eine grundlegende For-
derung, die Magzine als Stapelverbund zu transportieren. Diese
sind dazu mit entsprechenden Stapelelementen auszurüsten. In
<u>Bild 26</u> sind drei Stapelmöglichkeiten abgebildet. Neben ange-
formten oder nachträglich angebrachten Stapelelementen wird
sehr oft das Stapeln in Transportbehältern realisiert. Der
Einsatz von Transportbehältern hat den Vorteil, daß diese
Behälter schon eine Transportschnittstelle für den innerbetrieblichen Transport aufweisen können.

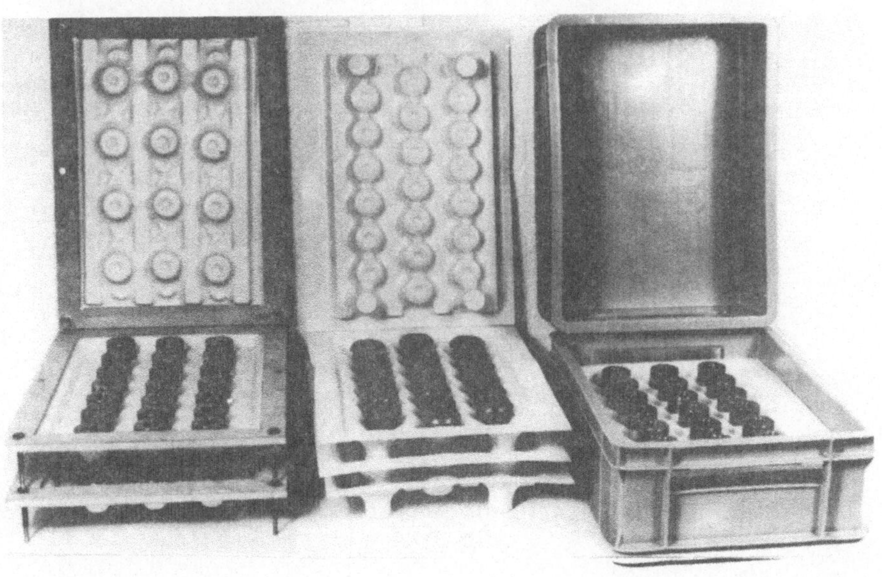

<u>Bild 26</u>: Unterschiedliche Abformmagazine

<u>4.2.3.2   Das universelle Senkstiftmagazin</u>

Die optimale Flexibilität auf dem Gebiet des flexiblen Magazi-
nierens ist die Werkstücksicherung von unterschiedlichen Werkstücken auf einem Magazin ohne Umstell- und Umrüstaufwand.
Dieser Vorstellung kommt das Senkstiftmagazin nahe (<u>Bild 27</u>).
Dieses Magazin ist aus fünf Elementen aufgebaut. Die Grundplatte ist der Träger und Schnittstelle zum Fördersystem. Darauf ist eine Zwischenlage aus nachgiebigem Material aufge-
bracht. Den Abschluß nach oben bildet eine Deckplatte, die
entsprechende Löcher nach einem definierten Raster aufweist.
In diese Löcher sind von unten nach oben Stifte mit Senkköpfen
(DIN 661), die auf der Zwischenlage aufliegen, eingesetzt. Das
fünfte Element sind Befestigungsschrauben, welche die Grund-
und Deckplatte zusammenhalten, und über deren Vorspannung sich
die Rückstellkraft einstellen läßt.

<u>Bild 27</u>:   Senkstiftmagazin mit Werkstücken

Werden nun während des Beladens Werkstücke auf dem Magazin
aufgelegt, so drückt die Schwerkraft der Teile die Stifte in
die elastische Zwischenlage. Dadurch "sinkt" das Werkstück
zwischen die unbelegten Stifte und hat so gegenüber Quer-
kräften einen Formschluß.

Damit möglichst ein breites Werkstückspektrum auf dem Senkstiftmagazin abgespeichert werden kann, sollten die Stifte
möglichst dicht gesetzt sein. Aus fertigungstechnischen Randbedingungen und Kostengründen wird aber die Zahl der Stifte
auf ca. ein Stück pro cm^2 eingeschränkt. Daraus ergibt sich
eine Teilung von zehn Millimetern parallel zur langen Seite
(X-Richtung) und durch eine versetzte Anordnung 8.66 mm parallel zur kurzen Seite (Y-Richtung) des Flachmagazins. Damit ist
unabhängig von dem Durchmesser der Positionierstifte die Positionsstreubreite Ps in folgenden Grenzen anzugeben:

$$O < Ps < 5.0 \text{ mm} \quad \text{in X-Richtung}$$
$$O < Ps < 8.66 \text{ mm} \quad \text{in Y-Richtung}$$

Diese Positionsstreubreite, die bei einem Magazin mit den Abmessungen 400 mm x 300 mm durch 1326 Senkstifte erreicht wird,
kann in vielen Fällen mittels eines geeigneten Greifers ausgeglichen werden. Die Rückstellkraft der Senkstifte läßt sich
durch die Annahme einer Werkstückhöhe von mindestens einem
Zentimeter und einem Aluminiumwerkstoff (spez. Gewicht
$2,7g/cm^3$) mit 6×10^{-2} N angeben. Dadurch ist gewährleistet,
daß sich auch sehr leichte Werkstücke auf dem Senkstiftmagazin
speichern lassen.

4.2.3.3   <u>Flexibles Speichern auf dem Spannmagazin</u>

Das Spannmagazin gehört in die Gruppe der kraftvariablen Magazine. Es besteht aus einer Grundplatte, einer Deckplatte und
einem Spannstück (<u>Bild 28</u>). Für die Magazinversorgung wird das
Spannstück um 45° gedreht und zusammen mit der Deckplatte ab-
gehoben, um die Grundplatte mit Werkstücken befüllen zu können. Grundsätzlich können Spannmagazine verwendet werden, wenn
die Werkstücke eine definierte stabile Lage einnehmen, wenn
deren Maßhaltigkeit bezüglich des Klemmaßes k innerhalb von
± 2 mm gewährleistet ist und wenn die Länge der Werkstücke
innerhalb eines bestimmten Spannbereiches liegt. Diese Konzeption erlaubt ein Speichern von unterschiedlichen Werkstück-

formen bei hoher Stabilität und Verschleißfestigkeit des Magazins. Nachteile dieses Flachmagazins sind das relativ hohe Gewicht des leeren Magazins und eine spezielle Ausstattung für das automatische Lösen und Spannen der Deckplatte. Außerdem muß ein Zeitverlust für diese Tätigkeiten in Kauf genommen werden.

Bild 28: Das Spannmagazin als flexibler Werkstückspeicher

Der Beladevorgang des Spannmagazins läuft in fünf Schritten ab:

a)   Drehen des Spannstückes zum Entriegeln um 45° ,
b)   Herausheben von Spannstück, Feder und Deckplatte,
c)   Beladen der Grundplatte mit Werkstücken,
d)   Aufsetzen von Deckplatte, Feder und Spannstück und
e)   Verriegeln des Spannstückes durch Drehen um 45° .

Die Güte der Werkstücksicherung ist abhängig von der Anpreßkraft des zentralen Spannstückes, der Magazingröße und der Auflagefläche der Werkstücke. Bei einem Magazin mit den Abmessungen 400 mm x 300 mm, einer belegten Auflagefläche von ca. 75 % und einer Schaumstoffschicht von ca. 5 mm, muß die benötigte Andrückkraft des zentralen Spannstückes 140 N sein.

4.3   Tragfähigkeit von Flachmagazinen

Die Tragfähigkeit von Flachmagazinen berechnet sich aus der
Anzahl der maximal speicherbaren Werkstücke und der Werk-
stückmasse. Diese kann in den meisten Fällen mit ca. 5 kg
angenommen werden, da eine Untersuchung in /31/ gezeigt hat,
daß 71 % aller Werkstücke unter 5 kg liegen.

4.4   Abmessungen von Flachmagazinen

Zur Vereinheitlichung der Abmessungen von Förderhilfsmitteln
hat das Deutsche Institut für Normung e.V. (DIN) in Zusammenarbeit mit der International Organization for Standardization
(ISO) drei Palettenabmessungen genormt /32/. Für den innerbetrieblichen Einsatz ist die Abmessung 1000 mm x 800 mm ge-
dacht. Die Größe 1200 mm x 800 mm ist die Basis für einen
europäischen Palettenaustausch. Dagegen findet die Abmessung
1200 mm x 1000 mm nicht nur europäisch, sondern sogar international Verwendung. Beide außerbetrieblich einsetzbaren
Palettenabmessungen basieren auf dem Verpackungsmodul 600 mm x
400 mm, der erstmals 1954 von der European Packing Federation
erwähnt wurde /33/. Aufbauend auf dieser Größe des Verpak-
kungsmoduls, müssen die Abmessungen von Flachmagazinen konzipiert werden. Selbsttragende Magazine im Verbund, bei Verwendung genormter, tragender Förderhilfsmittel, sollten die
exakten Abmessungen des Verpackungsmoduls haben. Werden zum
Transport umschließende Förderhilfsmittel eingesetzt, so muß
das Maß 600 mm x 400 mm reduziert werden. Eine Analyse käuflicher, umschließender Förderhilfsmittel erbrachte ein
Flächenmaß von 565 mm x 370 mm. In den Fällen, in denen aus
technischen oder wirtschaftlichen Gründen nicht auf die Größe
des Verpackungsmoduls zurückgegriffen werden kann, sollte versucht werden, folgende Abmaße, abgeleitet von der EURO-Palette
1200 mm x 800 mm, einzusetzen:

- 400 mm x 300 mm
- 800 mm x 400 mm

- 400 mm x 400 mm
- 800 mm x 600 mm

Das Problem, eine Fläche aus kongruenten geometrischen Figuren
lückenlos zusammenzusetzen, ist in der Literatur als "Flächenschluß" /34,35/ bekannt. Obgleich bei der Belegung von Flachmagazinen auch das Ziel besteht, eine möglichst kompakte Werkstückanordnung zu schaffen, müssen durch die speziellen Anforderungen der Magaziniertechnik, wie Greifräume und Randzonen,
neue Wege beschritten werden. Die Vorgehensweise bei der Optimierung der Belegung von Flachmagazinen ist abhängig von der
geometrischen Gestalt der Werkstücke zu differenzieren. Während geometrische Figuren, die mathematisch einfach zu be-
schreiben sind /36/, sich leicht mittels mathematischer Formeln auf einer Fläche optimal anordnen lassen, bedarf es bei
Werkstücken mit komplexer Gestalt eines sehr hohen Rechenauf-
wandes bzw. eines empirischen Vorgehens. Es empfiehlt sich
daher, die komplexen Figuren auf geometrisch einfache Grundfiguren zurückzuführen (Bild 29), um anschließend mathematisch vereinfacht die Belegung berechnen zu können.

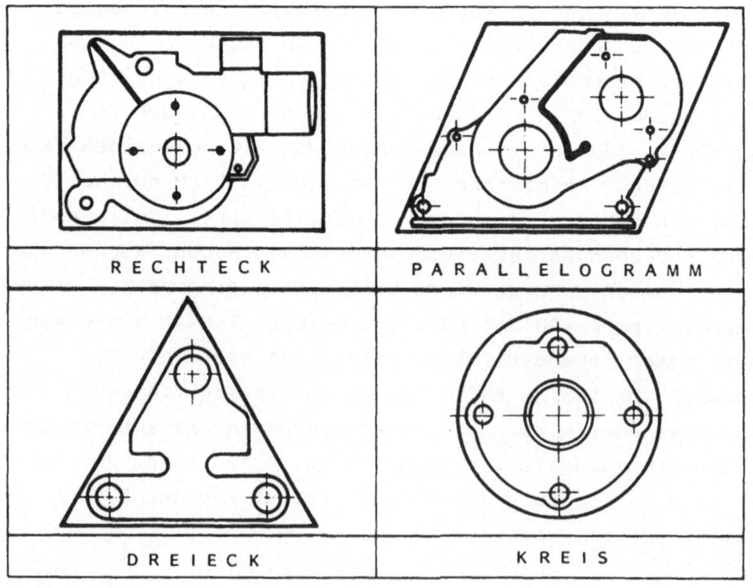

Bild 29:   Komplexe Werkstückformen reduziert auf Grundfiguren

5.1 Einfluß der Greiferbauarten auf die Belegung

Für das Greifen von Werkstücken kommen verschiedene Greiferbauarten in Frage :

- Sauggreifer
- Lochgreifer
- Magnetgreifer
- Zangengreifer

Diese Greiferbauarten beeinflussen die Belegungsform unterschiedlich. Während Saug-, Magnet- und Lochgreifer in der
Regel nicht über die Werkstückkontur des Werkstücks hinaus-
ragen, benötigt der mechanische Zangengreifer abhängig von den
Greiferbacken einen bestimmten Greifraum (Bild 30). Neben dem
eigentlichen Greifraum ist zusätzlich oft noch ein Sicherheitsabstand zwischen den Werkstücken zu berücksichtigen, der
aus den Positionsstreubreiten der einzelnen Systeme, wie Ladeeinrichtung für das Be- und Entladen, Magazin- und Positio-
niereinrichtung etc. resultiert.

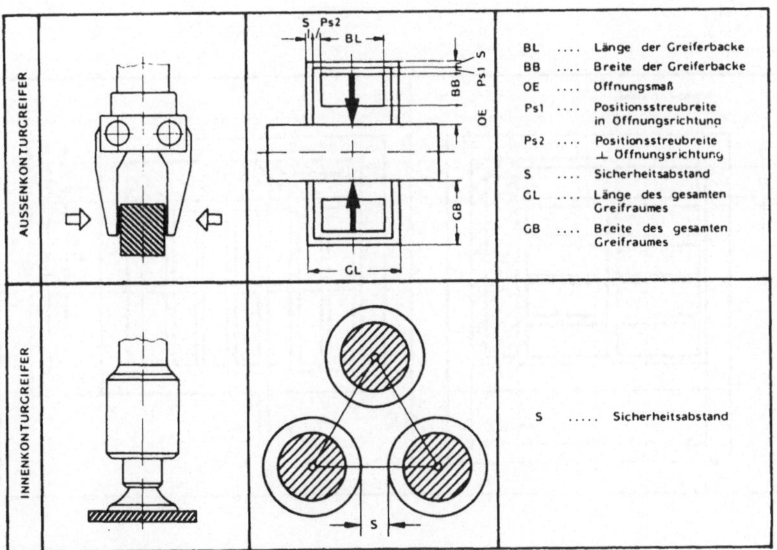

Bild 30: Unterschiedliche Greiferbauarten und Greifräume

5.2 Belegung mit Rechtecken und Parallelogrammen
5.2.1 Belegungsmuster mit Sicherheitsabständen

Die Anordung von rechteckigen Werkstücken der Länge l und der
Breite b auf ebenfalls rechteckigen flächigen Werkstückspeichern der Länge L und der Breite B teilt sich in zwei Anordnungen auf /37/:

- die waagerecht liegende Grundordnung
  (Seite l des Rechtecks liegt parallel zur Länge L)
- die senkrecht stehende Grundordnung
  (Seite l des Rechtecks liegt parallel zur Breite B)

Bei der Belegung tritt aber oft vor allem bei langen und
schmalen Werkstücken der Fall ein, daß an einem Magazin zwei
nicht weiter in dieser Art belegbare Streifen RX oder RY auftreten, die in einem weiteren Belegungsschritt noch genutzt
werden müssen. Diese Möglichkeit wird in <u>Bild 31</u> dargestellt,
wobei die freien Streifen für die Zusatzbelegung schraffiert
wurden.

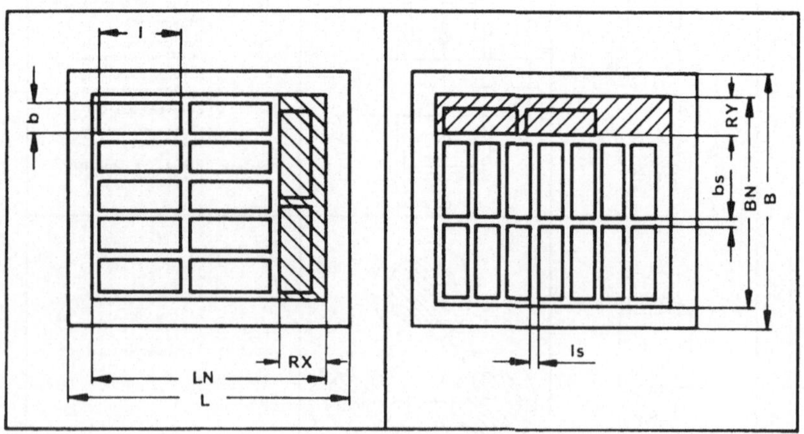

<u>Bild 31</u>: Zusatzbelegung in der waagerechten und senkrechten
Anordnung

In den meisten Anwendungsfällen ist die dargestellte Anordnung
die optimale. Sie ist dadurch gekennzeichnet, daß die Fläche
des Magazins in zwei kleinere Flächen zerlegt ist, die mit um
90° versetzten Rechtecken ausgefüllt sind. Diese Belegungsart
wird im folgenden als zweiblöckige Belegung bezeichnet. Dabei
werden als Greiferbedingungen einmal ein Randbereich des
Flachmagazins freigehalten, der die nutzbare Magazinfläche auf
das Maß LN x BN einschränkt (Bild 31), und zum zweiten werden
die Sicherheitsabstände ls und bs der Werkstücke untereinander
definiert. Eine derartige zweiblöckige Anordnung von Rechtecken ($1 > b$) kann folgendermaßen bestimmt werden:

Von der linken Bezugskante beginnend, wird die Fläche mit
$V = 0,....\text{INT}\ [(LN-1s)/(1+1s)]$ Spalten von Rechtecken
mit Abstand ls nebeneinander in waagerechter Grundordnung und
in jeder Spalte mit $\text{INT}\ [(BN-bs)/(b+bs)]$ Werkstücken ge-
füllt, wobei bs der Sicherheitsabstand der Werkstücke parallel
zur Seite B und ls derjenige parallel zur Seite L ist.
Im übrigbleibenden Teil von der Größe $(LN-V(1+1s)-1s)$ können senkrecht stehend $\text{INT}\ [(LN-V(1+1s)-1s)/(b+1s)]\cdot$
$\text{INT}\ [(BN-bs)/(1+bs)]$ Rechtecke gelagert werden.
Die Gesamtstückzahl U berechnet sich aus:

$$U = V \cdot \text{INT}\ [(BN-bs)/(b+bs)]\ +$$
$$\text{INT}\,[(LN-V \cdot (1+1s)-1s)/(b+1s)] \cdot \text{INT}\,[(BN-bs)/(1+bs)]$$

Für allgemeine Parallelogramme kann man eine analoge Rechnung
durchführen, die im Vergleich zur Lagerung von Rechtecken
etwas komplizierter ist. Die Parallelogramme werden durch die
Angabe der längeren Seite 1, der Höhe h und der Abweichung w
bestimmt. Dabei ist $w = h/\tan\alpha$, b die kürzere Seite, α der
spitze Winkel des Parallelogramms und hs der Sicherheitsabstand. Die entsprechenden Formeln für die V und Stückzahl U
lauten:

$$V = \text{INT}\ [(LN-1s-w)/(1+1s)]$$
$$U = V \cdot \text{INT}\ [(BN-hs)/(h+hs)] +$$
$$\text{INT}\ [(LN-V \cdot (1+1s)-1s-w)/(h+hs)]\ \cdot \text{INT}\ [(BN-hs-w)/(1+hs)]$$

5.2.2   Rechtecklagerungen mit Greifräumen

Bei rechteckigen Werkstücken ist es für die Belegungsdichte
vorteilhaft, die Angriffspunkte des Greifers auf die kurzen
Seiten des Werkstücks zu legen, da dadurch der benötigte
Greifraum entsprechend den kurzen Seiten klein gehalten werden
kann. Allerdings wird in der Praxis, um geringe Gesamtabmes-
sungen des Greifers zu erhalten, an den längeren Werkstück-
seiten gegriffen. Die Berücksichtigung der benötigten Greifräume erfolgt am einfachsten durch die Vergrößerung einer
Seite um einen definierten Betrag, der für den Greifraum erforderlich ist. Man schafft dadurch "Greifgassen", die einen
wahlfreien Zugriff auf alle Werkstücke zulassen. Falls alle
Greifgassen innerhalb des Flachmagazins liegen müssen, werden
von den Außenmaßen des Magazins an den entsprechenden Seiten
die Gassenmaße abgezogen.
In gleicher Weise wie bei der Belegung ohne Greifraum kann,
wenn Platz vorhanden ist, versucht werden, eine zweiblöckige
Anordnung zu schaffen. Ziel ist es, die freien Streifen RX
oder RY noch auszunützen. Für die Wertebereiche von RX und RY
lassen sich aufgrund der Tatsache, daß kein weiteres Teil mehr
in dieser Anordnung Platz findet, beispielhaft für die waagerecht liegende Anordnung folgende Relationen angeben:

$$O \; < \; RX \; < \; 1 + 1s$$
$$O \; < \; RY \; < \; b + GB$$

Falls aber die Streifen RX und RY jeweils kleiner sind als die
entsprechenden Werkstückmaße und die Greifgasse zusammen, kann
normalerweise keine zweiblöckige Anordnung geschaffen werden.
Dies ist nur dann möglich, wenn man auf den wahlfreien Zugriff
verzichtet und einen sequentiellen Ablauf in Kauf nimmt. Dann
kann man nämlich, wie beispielsweise in Bild 32 dargestellt,
fünf Zusatzbelegungen erreichen. Bei dieser Belegungsart wird
der Greifraum eines benachbarten Werkstücks für die Positionierung eines weiteren Werkstücks herangezogen.

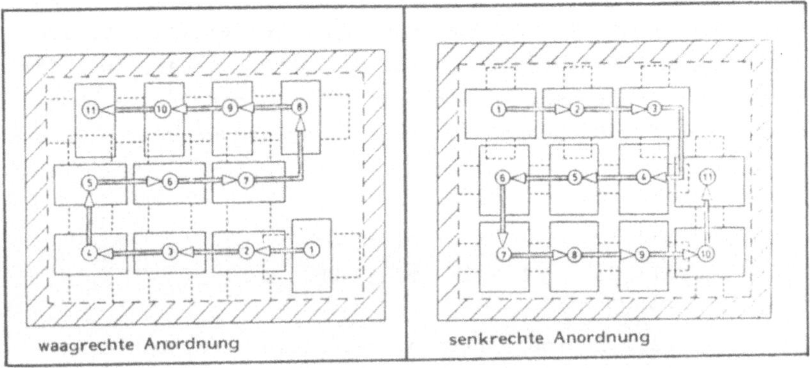

Bild 32: Zusatzbelegung für rechteckige Werkstücke

Diese Möglichkeit der Zusatzbelegung, die für die waagerechte Anordnung gilt, ist auch in gleichem Maße für die senkrechte Anordnung anwendbar (Bild 32). Eine weitere Verbesserung wird durch eine versetzte Anordnung erreicht. Speziell bei sehr langen Teilen ($1/b > 10$) und breiten Greifern ($GB/b > 1$) bringt diese Optimierungsstufe deutliche Verbesserungen. Die nicht belegten Teilräume, die weder für die Belegung mit Werkstücken noch als Greifräume genutzt werden, können in einem solchen Fall sehr groß werden (Bild 33).

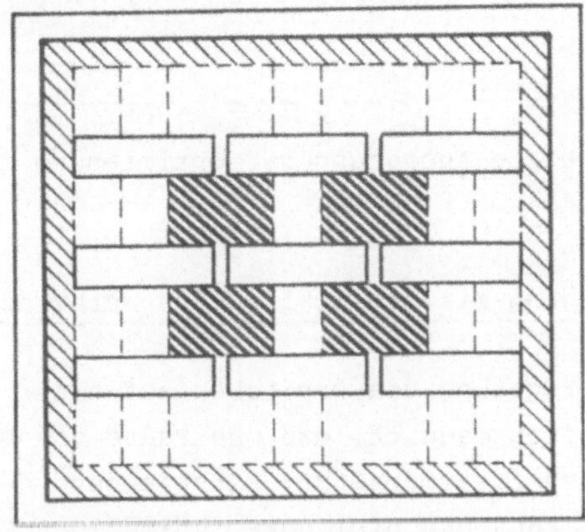

Bild 33: Ungünstige Flächenausnutzung bei langen Werkstücken

Ziel der versetzten Anordnung ist es, im Kerngebiet eine möglichst dichte und lückenlose Belegung zu erreichen, wobei die auftretenden Randstörungen in Kauf genommen werden. Zwei Fälle sind zu unterscheiden, in Abhängigkeit von der Breite b des Werkstücks, des Sicherheitsabstandes bs und der Breite GB des Greifraumes:

- Fall 1: $b + 2 \cdot bs \leq GB$
- Fall 2: $b + 2 \cdot bs > GB$

Während im Fall 1 eine Spreizung der Teilemittelpunkte in X-Richtung erfolgt, muß im Fall 2 auch noch eine zusätzliche Spreizung in Y-Richtung erfolgen, um eine versetzte Anordnung zu erhalten (Bild 34). Für den Sonderfall $b + 2 \cdot bs = GB$ erhält man offensichtlich die dichteste Packung, da alle Freiräume vollständig durch Teile und Greifräume ausgefüllt sind.

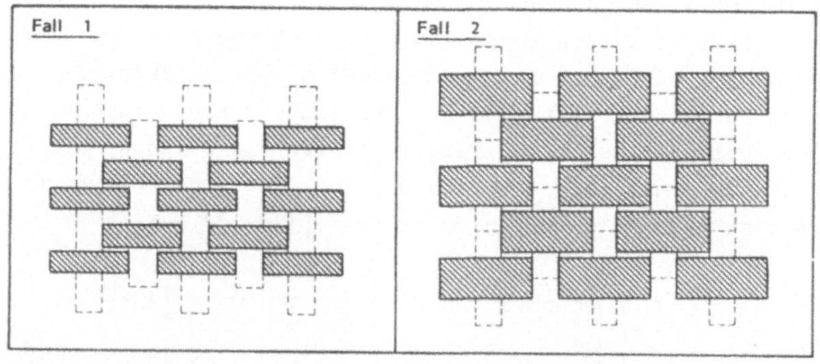

Bild 34: Versetzte Anordnung zur Optimierung der Belegung

5.3 Belegung mit dreieckförmigen Werkstücken

Die dichteste Lagerung von Dreiecken auf einer Ebene erreicht man am leichtesten dadurch, daß man Paare von Dreiecken zu Parallelogrammen zusammensetzt. Entsprechend den drei Seiten eines Dreiecks kann man drei unterschiedliche Parallelogramme bilden.

Diese drei Grundfälle können nach vier unterschiedlichen Methoden auf einem Flachmagazin gelagert werden. Dies sind lange oder kurze Seite parallel zur Seite L des Magazins und lange oder kurze Seite parallel zur Seite B des Magazins. Da die Belegungsdichte sich in Abhängigkeit vom gemachten Ansatz unterscheidet, muß die Belegungsuntersuchung für alle zwölf Anordnungen mit anschließender Auswahl des besten Resultats durchgeführt werden. In den meisten Fällen führt die Zusammenlegung des größten Dreieckswinkels mit dem spitzen Winkel des Parallelogramms zur besten Belegung. Die rechnerische Optimierung kann anhand der Formel aus der Parallelogrammberechnung durchgeführt werden.

Die Vorgehensweise der Lagerung von Dreiecken unter Berücksichtigung von Greifräumen entspricht nahezu der Lagerung ohne Greifräume. Dabei werden ebenfalls Paare von Dreiecken zu Parallelogrammen zusammengelegt, so daß zwischen den Dreiecken eine Greifgasse frei bleibt. Durch die Wahl der Anordnung der Greifgassen ergibt sich einer der in Bild 35 dargestellten sechs Grundfälle, die systematisch generiert werden können. Da es, wie gesagt, vier Anordnungen von Lagerungen gibt, müssen bei der Auswahl 24 unterschiedliche Anordnungen beachtet werden.

Vergrößerung der Basis	Vergrößerung der Höhe	Diagonale durch
		Seite a
		Seite b
		Seite c

Bild 35: Grundfälle bei der Lagerung von Dreiecken

5.4   Belegung ebener Magazine mit kreisförmigen Teilen
5.4.1   Kreislagerungen ohne Berücksichtigung von Greifern

Das Problem der dichtesten Lagerung von gleichen Kreisen in
der ganzen Ebene ist gelöst /38/. Ist das zu betrachtende Gebiet konvex, wie bei einem Flachmagazin, so ist das Packungsverhältnis immer kleiner als 0.906 /39/. Für Flachmagazine
mit einer Größe von 600 mm x 400 mm gilt bei einer Belegung
mit Kreisen vom Durchmesser 10 mm$\leq$d$\leq$50 mm, daß man mit einem
Packungsverhältnis von ca. 0.80 zufrieden sein muß. Im all-
gemeinen wird die erreichte Packung für kleine Kreise größer
sein, da sich bei dieser Belegung die Randeffekte, wie das
<u>Bild 36</u> zeigt, weniger störend auswirken.

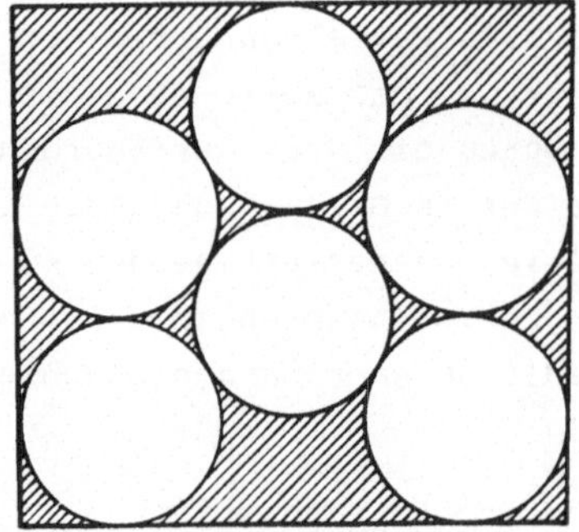

<u>Bild 36</u>: Randeffekte bei der Belegung von Flächen mit Kreisen

Die Berechnung der Magazinbelegung mit kreisförmigen Werkstücken basiert auf Erfahrungen aus der Stanzereitechnik. In
verschiedenen Werken, die sich mit dieser Problematik be-
schäftigen /40,41,42/, wird eine versetzte Anordnung mit
einer 60° Anordnung als verschnittoptimale Lösung dargestellt.
Aufbauend auf diesen Ergebnissen, können nun Formeln entwik-
kelt werden, die eine Berechnung der Belegung zulassen. Dabei
wird davon ausgegangen, daß in Abweichung zur Stanzereitechnik
bei einem wahlfreien Zugriff um die Werkstücke eine Sicher-
heitszone ähnlich der Rechtecklagerung gelegt werden muß.

Diese Vorgehensweise bei der Belegung wird als "Idealmethode"
bezeichnet. Die Belegung einer Fläche mit Kreisen des Durch-
messers D und einem Sicherheitsabstand S der Werkstücke untereinander kann nach der Idealmethode folgendermaßen berechnet
werden:
Die Anzahl der Werkstücke M1 in der ersten Reihe des Flachmagazins (<u>Bild 37</u>) mit den Abmessungen L für die Magazinlänge
und B für die Magazinbreite beträgt

$$M1 = INT \ ((L - 2XL - D) \ / \ DX) + 1$$

mit XL als Randabstand der Werkstücke in X-Richtung und DX als
Abstand der Mittelpunkte zweier benachbarter Werkstücke in
X-Richtung (DX = D + S). Die Anzahl der Werkstücke in der
zweiten, um den Winkel α versetzten Reihe kann nach der Formel berechnet werden:

$$M2 = INT \ ((L - 2XL - D - (D + S) \cdot \cos\alpha) \ / \ DX) + 1$$

Die Anzahl der Werkstückreihen ergibt sich aus:

$$N = INT \ ((B - 2YU - D) \ / \ (D + S) \cdot \sin\alpha) + 1$$

mit YU als Randabstand der Werkstücke in Y-Richtung.
Der Abstand der Mittelpunkte DY in y-Richtung berechnet sich
für eine gleichseitige Anordnung mit: $DY = 0,5 \ (D+S) \cdot \sqrt{3}$.

Die Berechnung der Gesamtstückzahl U, die in einem Flachmagazin untergebracht werden kann, unterscheidet sich je nachdem,
ob die Anzahl der Werkstückreihen N gerade oder ungerade ist.
Für geradzahliges N gilt:

$$U = N \ / \ 2 \cdot (\ M1 + M2 \ ).$$

Ist N ungerade, dann folgt:

$$U = M1 \cdot (\ N + 1 \ ) \ / \ 2 + M2 \cdot (\ N - 1 \ ) \ / \ 2$$

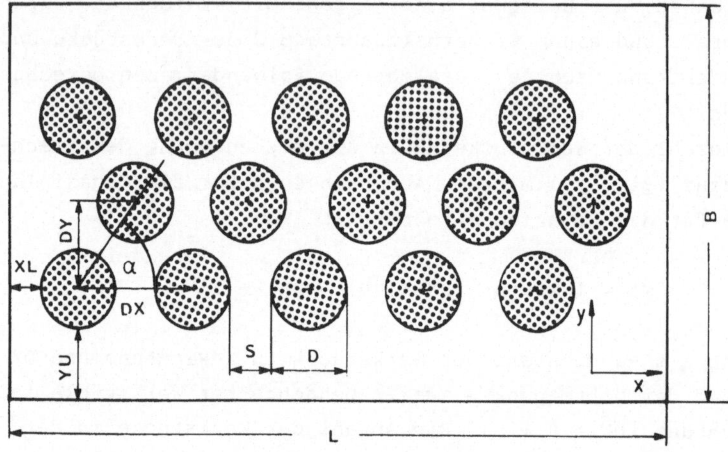

Bild 37: Belegung von Flachmagazinen nach der Idealmethode

Die in der ersten Berechnung gefundene Belegung kann prinzipiell verbessert werden, wenn

    a) sich noch ein freier Reststreifen RY entlang der
       oberen Seite des Magazins befindet und

    b) bei versetzter Anordnung die Zahl der Werkstücke
       in den Reihen unterschiedlich ist, d.h. $M1 > M2$

Sind die beiden oben genannten Bedingungen gleichzeitig erfüllt, so kann der Versetzungswinkel α der letzten gerad-
zahligen Reihe solange vergrößert werden, bis unter Umständen
noch ein zusätzliches Teil in diese Reihe paßt (Bild 38).
Anschließend werden weiter solange geradzahlige Reihen ver-
schoben, bis der freie Reststreifen so schmal wird, daß eine
Verlagerung von weiteren Reihen nicht mehr möglich ist, oder
bis alle vorhandenen Reihen aufgefüllt sind.

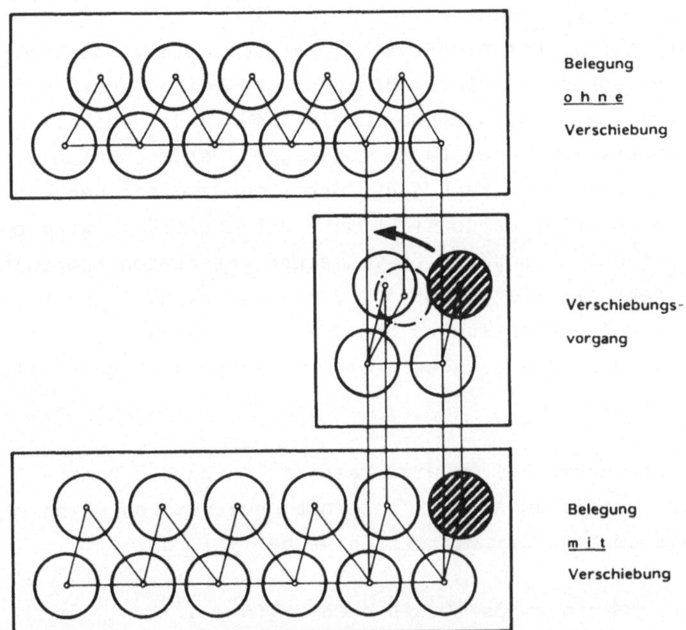

Bild 38: Optimierung durch Werkstückverschiebung

Da der Reststreifen Ro immer kleiner als $0,5 \, (D + S) \cdot \sqrt{3}$ ist
-sonst würde noch eine weitere Werkstückreihe Platz finden-
läßt sich die Anzahl der möglichen Verlagerungen berechnen.
Endet die Belegungsberechnung mit einer geraden Anzahl von
Reihen, so benötigt die erste Verlagerung eine Breite von

$$b = (D + S) \cdot (\sin\alpha - 0,5 \cdot \sqrt{3})$$

jede weitere Verlagerung beansprucht eine Breite von 2b .

Endet die Belegung mit einer ungeraden Zahl von Reihen, so
vermindern die erste und alle weiteren Verlagerungen den Reststreifen Ro ebenfalls um das Maß von 2b.

5.4.2   <u>Lagerungen mit Greifräumen für Zweibackengreifer</u>

Die einfachste, aber nicht immer platzoptimale Vorgehensweise
bei der Belegung von Flachmagazinen mit Kreisen und Greifräumen ist die Einbindung der Greifräume in die Werkstückkontur, wobei zwei Greifräume überlagert werden. Bei dieser
Überlagerungsmethode kann jeder Greifraum zweimal genutzt
werden. Auch unter Berücksichtigung der Greifräume wird bei
dieser Methode grundsätzlich von einer versetzten Anordnung
ausgegangen. Allerdings ist der Versetzungswinkel nicht 60° ,
sondern von den Abmessungen des Greifraums abhängig. Bei der
Berechnung des Versetzungswinkels α lassen sich zwei Fälle
unterscheiden:

Der Versetzungswinkel α wird bestimmt durch die Punkte D
und E der Kreise um A und B in einer unversetzten Reihe mit
dem Kreis um C in der versetzten Reihe (<u>Bild 39</u>):

$$\alpha = \text{arc cos } (0.5(D + GB) / (D + S))$$

Der Versetzungswinkel wird durch die Punkte D und E bestimmt,
die sich als Berührungspunkte des Kreises um A und B in der
unversetzten Reihe und um C in der versetzten Reihe ergeben:

$$\alpha = \text{arc sin } (0.5(D + GL) / (D + S))$$

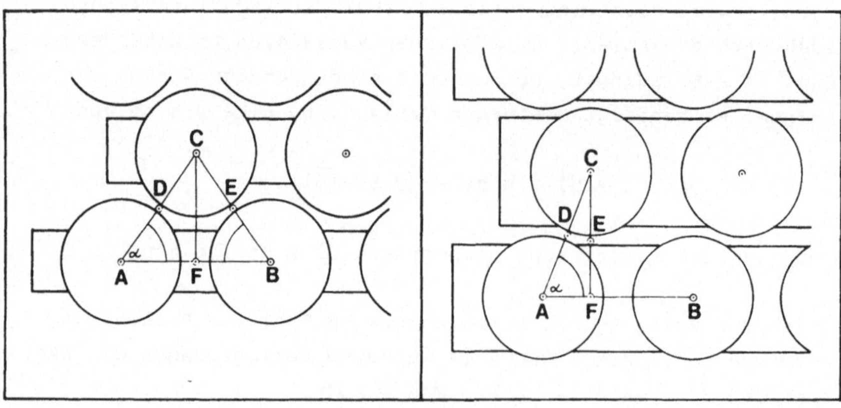

<u>Bild 39:</u>   Überlagerungen von Greifräumen für Zweibackengreifer

Die weiteren Optimierungsstufen setzen voraus, daß das Handhabungsgerät für das Magazinieren eine Greiferbewegung be-
sitzt, die um die Greiferachse drehen kann, da die Greifräume
nicht mehr symmetrisch angeordnet werden. Dieses Verfahren,
das sich besonders für den Bereich Werkstückdurchmesser zu
Greiferbacke = 1:1 eignet, nimmt eine dichte Lagerung ohne
Greifräume als Ausgangspunkt und reserviert jeden vierten
Werkstückplatz für die Greifräume. Diese Methode wird im
folgenden als Viertelmethode bezeichnet (Bild 40).

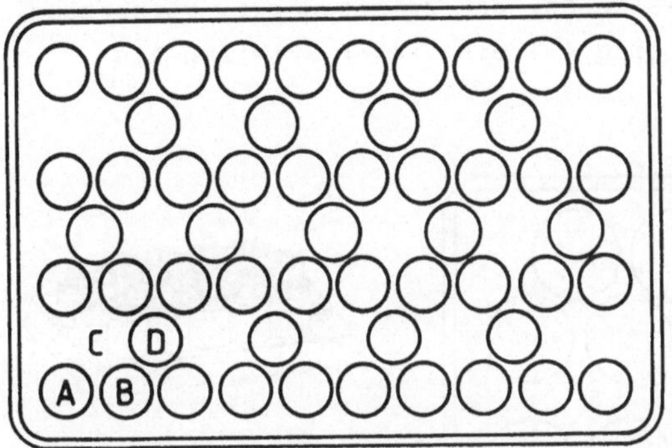
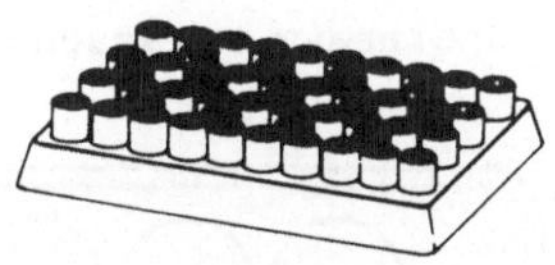

Bild 40: Viertelmethode zur Bestimmung von Greifräumen

Bei diesem Verfahren bestimmt die Wahl des ersten Greifraumes
die Anordnung aller anderen. Da es für den ersten Greifraum
vier Möglichkeiten gibt, müssen auch alle vier untersucht werden. Einen weiteren Einfluß auf das Belegungsergebnis hat die
Frage, ob alle Greifräume innerhalb des Flachmagazins liegen
müssen oder nicht. Beispielhaft soll ein Flachmagazin mit der
Länge L = 600 mm und der Breite B = 400 mm mit Kreisen D = 38
mm und einem Sicherheitsabstand von 2 mm zwischen den Werkstücken nach der Viertelmethode belegt werden. Eine komplette
Belegung beinhaltet 160 Werkstücke; beginnt man verfahrens-
technisch mit den Werkstückplätzen A oder B , so bedeutet
das, daß für die Greifkreise jeweils 45 Werkstückplätze ver-
loren gehen. Wählt man allerdings die Kreise C oder D, so
verliert man lediglich 35 Speicherplätze. Dies gilt aber nur,
wenn der Greifer über die Randzone des Magazins greifen kann.

Ist dies nicht der Fall, so ist der weitere Verlust für die
Kreise A und B sechs, für die Kreise C und D 43 Speicherplätze.
Die Nachteile der Viertelmethode, die nur für einen einge-
schränkten Durchmesserbereich optimale Ergebnisse liefert,
wird durch die nächste Methode, im folgenden Doppelmethode
genannt, ausgeglichen werden. Dabei ist darauf zu achten, daß
bei der Doppelmethode der Zugriff nicht mehr wahlfrei sein
kann, sondern sequentiell ist. Die Vorgehensweise bei der
Doppelmethode gestaltet sich so, daß zwischen zwei versetzten
Doppel-Werkstückreihen (<u>Bild 41</u>) ein freier Streifen als
Greifraum belassen wird.

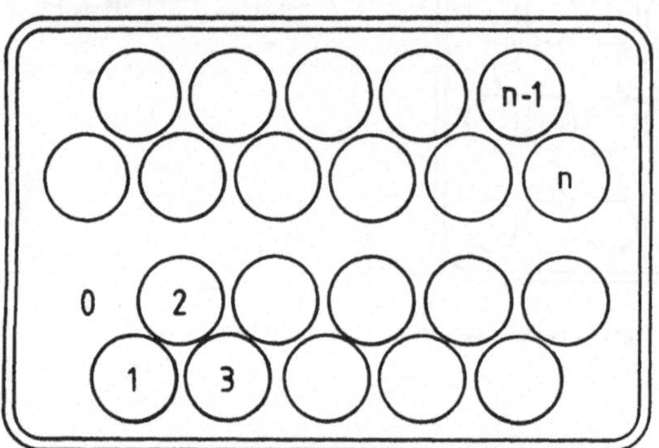

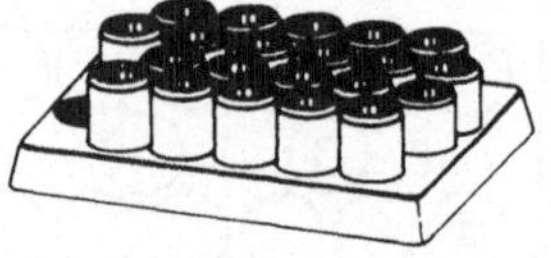

<u>Bild 41</u>: Belegung eines Flachmagazins nach der Doppelmethode

Um ein nach dieser Methode belegtes Magazin ent- und beladen
zu können, muß entweder der Platz O freibleiben, oder das
Werkstück muß vom Speicherplatz O während der Abarbeitung auf
eine Zwischenposition gebracht werden. Ist der Platz O frei,
so kann in der Reihenfolge Werkstück 1→O , Werkstück n →n-1
das Magazin belegt werden. Das Werkstück O, das auf die Zwischenposition abgelegt und als letztes bearbeitet wurde, kommt
auf den letzten freien Speicherplatz.
Alle drei entwickelten Methoden zusammen liefern gute Voraussetzungen, um die optimale Anordnung beim Einsatz von Zweibak-
kengreifern finden zu können.

5.4.3 Lagerungen mit Greifräumen für Dreibackengreifer

Dreibackengreifer spannen kreisförmige Werkstücke mit um 120° versetzt angreifenden Backen. Die Optimierung der Belegung geht von Kreisen aus, zu denen drei um 120° versetzte kleine Kreise gehören, deren Durchmesser vom Greifer abhängt. Für die Belegung von Flachmagazinen mit kreisförmigen Teilen und dem Einsatz von Dreibackengreifern kann eine Methode zur Anwendung kommen, die im folgenden als Drittelmethode bezeichnet wird. Die Drittelmethode geht wie die beschriebene Viertelmethode von der dichtesten Lagerung in einer Ebene aus. Anschließend wird ein Drittel der Speicherplätze nicht mit Werkstücken besetzt, sondern für die Greifräume reserviert. Durch diese Anordnung kann jeder Greifraum sechsmal genutzt werden (_Bild 42_). Auch bei der Drittelmethode muß auf die Wahl des ersten Greifraums sorgfältig geachtet werden. Voraussetzung für dieses Verfahren ist allerdings, daß der Werkstückdurchmesser so groß ist wie die Greifraumabmessungen.

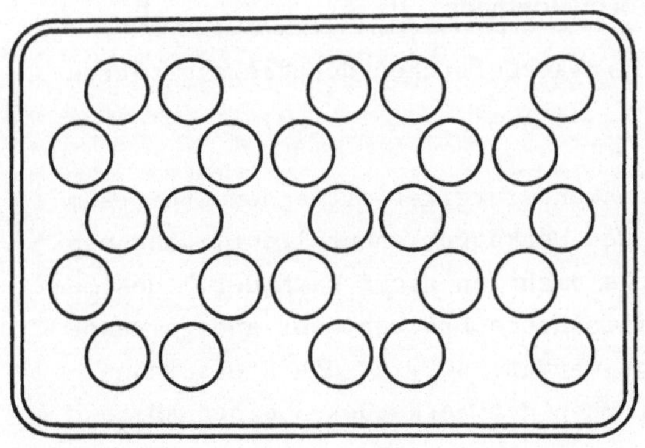
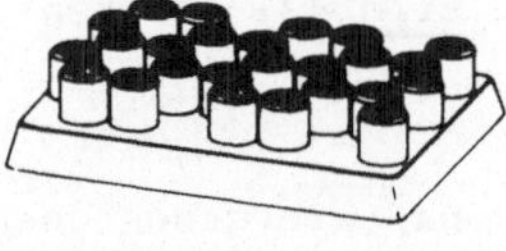

Bild 42: Drittelmethode zur Bestimmung von Greifräumen

Bei Werkstücken mit großem Durchmesser und kleinen Greifbacken empfiehlt es sich, um das Werkstück einen Greifraum in Form eines Kreises mit den halben Greiferabmessungen zu legen. Diese Kreisringmethode kann prinzipiell -unter Verzicht auf eine optimale Belegung- immer angewandt werden.

5.5   Vergleich der entwickelten Kreisverfahren

Die ausgearbeiteten Kreisverfahren unterscheiden sich durch
das Optimierungsergebnis und den Anwendungsbereich. Dieser Anwendungsbereich ist abhängig von der Greiferbauart (<u>Bild 43</u>).

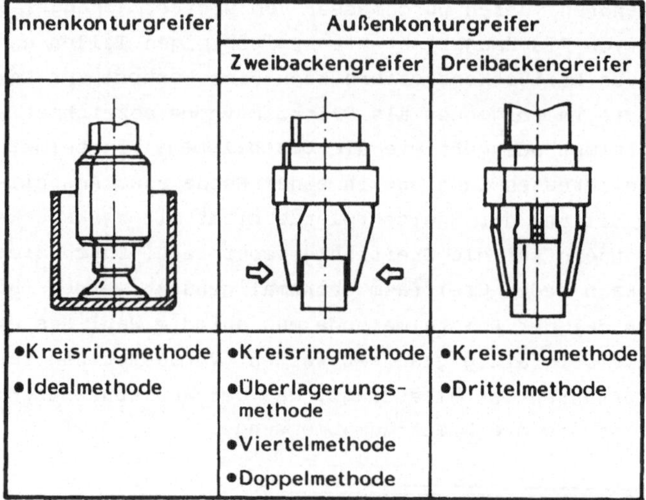

<u>Bild 43</u>:   Abgrenzung des Einsatzbereiches der Kreisverfahren

Da, wie schon gesagt, Innenkonturgreifer mit einem Greifraum
auskommen, der innerhalb der Werkstückkontur liegt, kann man
im Idealfall die Werkstücke dicht an dicht nach der "Idealmethode" legen. Müssen Positionsstreubreiten oder andere Randbedingungen berücksichtigt werden, so wird die Kreisringmethode eingesetzt, die zwischen den Werkstücken einen Abstand
herstellt.
Für Zweibackengreifer sind die Überlagerungs-, Viertel- und
Doppelmethode entwickelt worden. Diese Methoden berücksichtigen einen entsprechenden Greifraum für zwei Greiferbacken.
Die Drittelmethode ist speziell für Dreibackengreifer entwickelt worden. Natürlich ist für alle Außenkonturgreifer die
Kreisringmethode einsetzbar, so daß für eine Belegungsoptimierung nach der Vorgabe der Greiferbauart alle in Frage kom-
menden Methoden für diesen Bereich untersucht werden müssen.

Für die Untersuchung des Optimierungsergebnisses wird von
einem Flachmagazin im Modulmaß 600 mm x 400 mm ausgegangen und
die Belegung kreisförmiger Werkstücke (d = 10....200 mm) bei
unterschiedlichen Greifräumen (GL, GB = 10...100 mm) untersucht. Entsprechend der Gliederung von Greifern, werden die
Ergebnisse in drei unterschiedlichen Abbildungen zusammengefaßt. Im Bild 44 ist für Innenkonturgreifer die Belegung nach
der Idealmethode und der Kreisringmethode, die einen Sicherheitsabstand zwischen den Werkstücken berücksichtigt, aufgezeigt.
Wird andererseits ein Zweibackengreifer eingesetzt, so muß
unter den Verfahren Kreisringmethode, Überlagerungsmethode,
Viertelmethode und Doppelmethode gewählt werden. Diese Verfahren liefern abhängig von den Einsatzbedingungen sowohl gute
als auch schlechte Optimierungsergebnisse (Bild 45). Verhält
sich der Werkstückdurchmesser zum Greifraummaß im Bereich von
1:10 bis 1:1, so erhält man mit der Kreisringmethode das
optimale Ergebnis. Schwankt dieses Verhältnis zwischen 1:1 und
1.5:1.0, so sollte die Viertelmethode eingesetzt werden. Während die Überlagerungsmethode nur bis zu einem Greifraummaß
von 50 mm und einem Teiledurchmesser von 150 mm in einem ganz
speziellen eingegrenzten Bereich angewandt werden sollte, hat
die Doppelmethode bei einem Greifraummaß bis 30 mm und einem
Werkstück-Greifraumverhältnis von ca. 6:1 bis 20:1 Vorteile.
Bei diesen Bedingungen lassen sich die Freiräume zwischen den
Kreisen sehr gut als Greifräume ausbilden. Die Viertelmethode
liefert nur in einem sehr begrenzten Bereich eine gute Belegungsdichte, läßt sich aber einfach durchführen. Dabei muß
jedoch berücksichtigt werden, daß diese Methode nur eingesetzt
werden kann, wenn der Werkstückdurchmesser gleich oder größer
dem benötigten Greifraum ist.

Für den dritten Fall, den Einsatz von Dreibackengreifern, kann
zwischen der Drittelmethode und der Kreisringmethode gewählt
werden (Bild 46). Während die Kreisringmethode für alle An-
wendungsfälle eingesetzt werden kann, müssen bei der Drittelmethode die gleichen Bedingungen erfüllt sein, wie bei der
Viertelmethode.

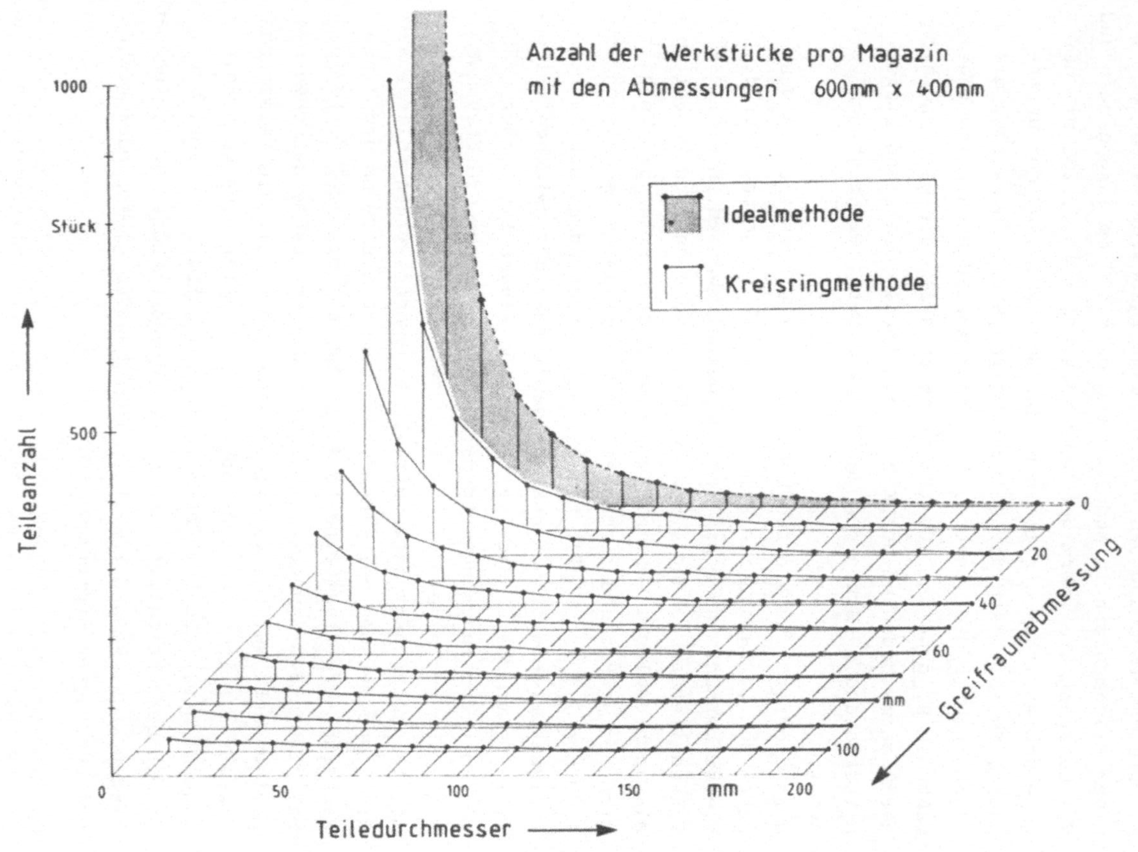

Bild 44: Vergleich der Kreisverfahren für Innenkonturgreifer

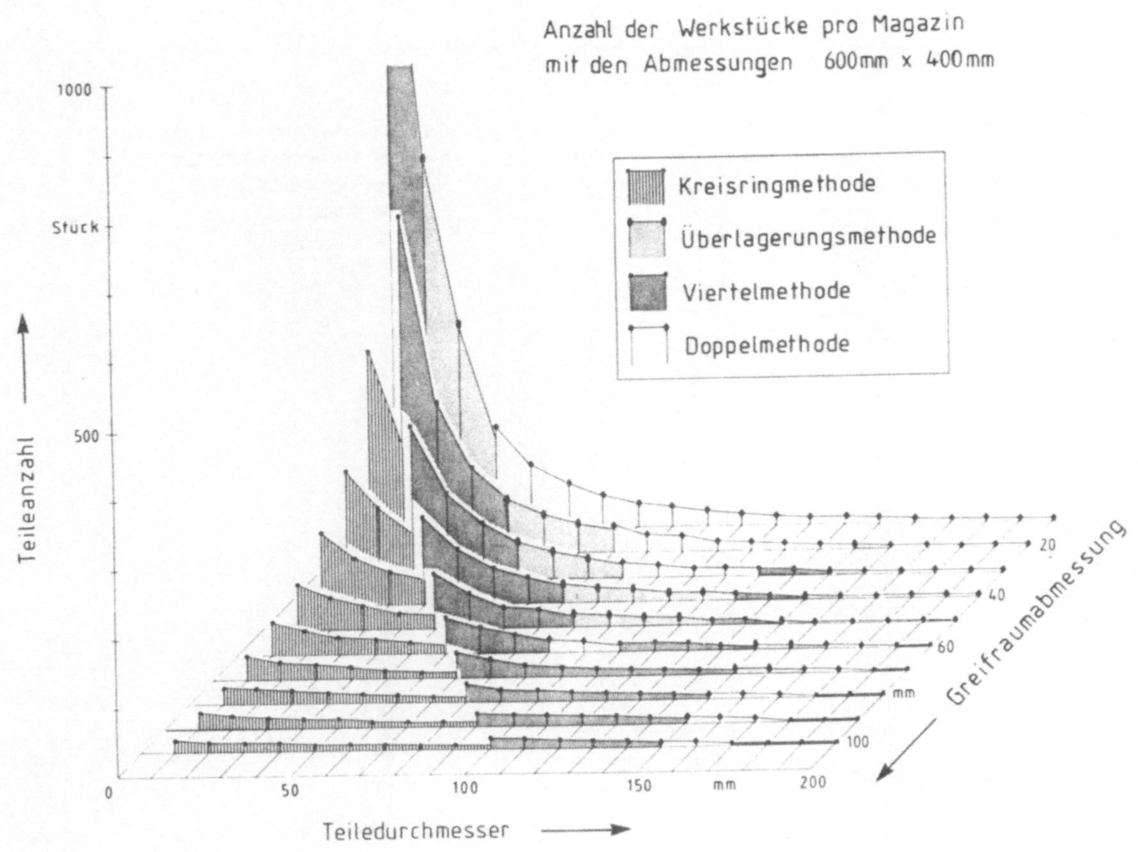

Bild 45: Vergleich der Kreisverfahren für Zweibackengreifer

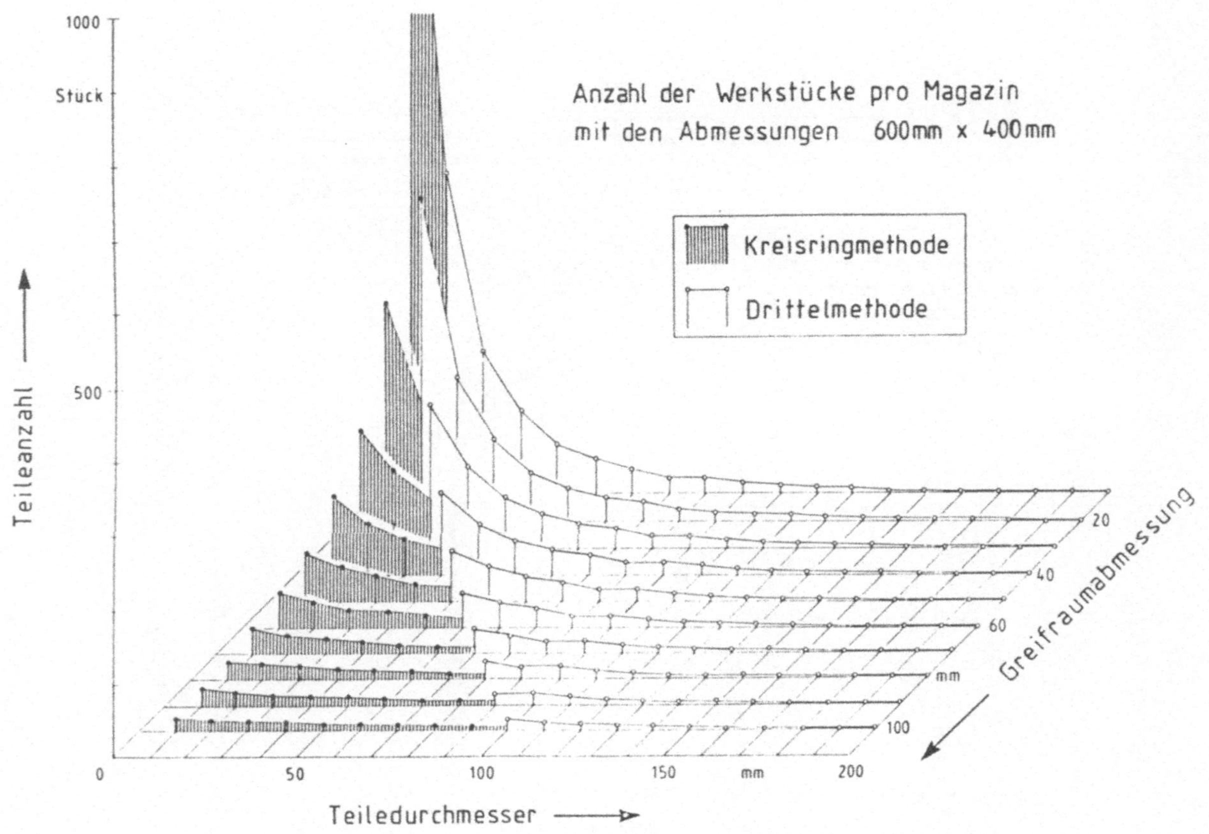

Bild 46: Vergleich der Kreisverfahren für Dreibackengreifer

5.6 Rechnerunterstützte Belegungsstrategien

Die in den Kapiteln 5.2 bis 5.4 erarbeiteten Belegungsstrategien bieten wegen der Vielzahl an Rechenoperationen, Daten-
vergleichen und Zahlenmaterial den Einsatz einer EDV-Anlage an
/43/. Durch die großen Datenmengen, wie Werkstückdaten, Magazindaten und Greiferdaten, muß das EDV-System Datenbank orien-
tiert arbeiten können. Nach Erstellung des optimalen Belegungsmusters wird die berechnete Magazinbelegung in der Fertigung auf die Magazine übertragen. Es ist deshalb notwendig,
daß mit dem EDV-System auch eine Fertigungszeichnung erstellt
werden kann. Diese Anforderungen werden von dem eingesetzten
Kleinrechnersystem erfüllt (Bild 47).

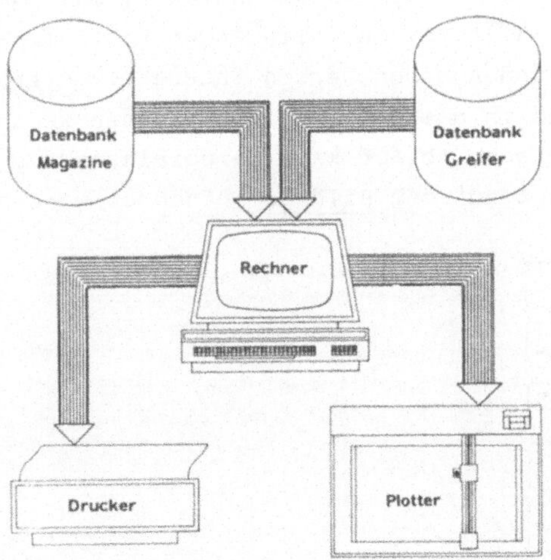

Bild 47: Aufbau des Kleinrechnersystems zur Durchführung von
Belegungsberechnungen

5.6.1 Aufbau eines Programms für die Flächenoptimierung

Das zu erstellende Programm hat die Aufgabe, die zur Verfügung
stehende Fläche eines Flachmagazins optimal mit den entsprechenden Werkstücken zu belegen. Hierbei muß das Werkstückspektrum auf Grundfiguren eingeschränkt werden. Dies bedingt, daß

vor der Anwendung des EDV-Programmes bei komplizierten Werkstückformen eine manuelle Zuordnung zu den Grundfiguren erfolgen muß. Nach der Zuordnung kann rechnerintern auf eines der Optimierungsprogramme zugegriffen werden. In den einzelnen Programmblöcken wird die Berechnung des Belegungsmusters anhand von den in Kap. 5.2 bis 5.4 entwickelten Formeln und Belegungsstrategien durchgeführt.

5.6.2 Programmtechnische Realisierung

Das realisierte Optimierungsprogramm setzt sich aus vier Programmblöcken zusammen. Innerhalb von welchem Programmblock das Belegungsproblem bearbeitet werden soll, muß manuell vorgegeben werden. Alle zur anschließenden Programmausführung benötigten Daten und Angaben werden interaktiv erfragt, so daß der Benutzer nicht in das Programm eingewiesen werden muß. Der programmtechnische Ablauf kann beispielhaft für den Teil "Kreisberechnungen" dem Bild 48 entnommen werden.

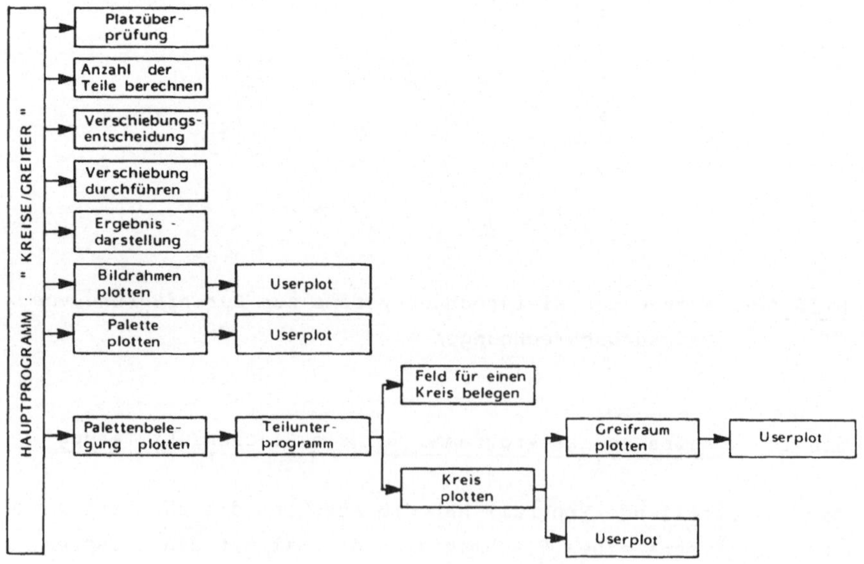

Bild 48: Baumdiagramm des Belegungsprogramms für Kreise

Die Ergebnisse der Berechnungen werden einmal in Form von Listings mit Angaben über die Anordnung der Werkstücke, zum andern in Form eines Plotterbildes dargestellt. Beispielhaft für die rechnerunterstützte Berechnung des Belegungsmusters ist im **Bild 49** das Ergebnis mit der Überlagerungsmethode dargestellt.

```
OPTIMALE   ANORDNUNG

NEIGUNGSWINKEL DER
VERSETZTEN REIHEN          54
IN [ GRAD ]


ANZAHL DER TEILE IN
X-RICHTUNG                  3
(UNVERSETZTE REIHE)


ANZAHL DER TEILE IN
X-RICHTUNG                  3
(VERSETZTE REIHE)


ANZAHL DER TEILE IN
Y-RICHTUNG                  4


GESAMTZAHL                 12
```

Durch die Einbindung der Greifräume in die Werkstückkontur muß von dem idealen Versetzungswinkel von 60° geringfügig abgewichen werden.
Bei einem Werkstückdurchmesser von 82 mm kann man bei einer versetzten Anordnung 12 Werkstücke unter Berücksichtigung von Greifräumen auf einem Flachmagazin mit 400 mm x 300 mm unterbringen.

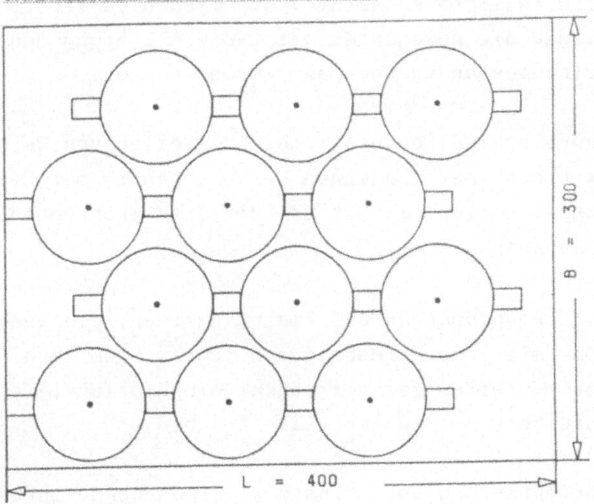

Bild 49: Belegungsergebnis in Form von Listing und Plotterbild

6   Maßnahmen beim Be- und Entladen der Magazine
6.1   Entwicklung einer Magazinladeeinrichtung
6.1.1   Anforderungen für eine automatische Magazinierung

Als Grundlage einer künftigen Geräteentwicklung ist eine Analyse der Gegebenheiten beim Magazinieren vorzunehmen. Die
Ergebnisse der Analyse, welche die Geräteentwicklung beeinflussen, sind im folgenden aufgeführt:

- Durch den konstruktiven Aufbau des Flachmagazins
  muß das Be- und Entladen von oben erfolgen.

- Die Ausdehnung des Magazins in der X-Y-Ebene ergibt
  einen kartesischen Magazinierraum, der vom Arbeits-
  bereich der Ladeeinrichtung einzuhüllen ist.

- Neben dem Magazinierraum muß auch noch die Ablage-
  stelle an der Fertigungseinrichtung oder andere
  Arbeitsräume innerhalb des Bewegungsbereiches der
  Ladeeinrichtung liegen.

- Unterschiedliche Magazinformate machen es erforderlich, daß die Bewegungen der Ladeeinrichtung den
  Magazinabmessungen angepaßt werden können.

- Die unterschiedlichen Abarbeitungsweisen von Werkstückreihen oder einzelnen Werkstücken in der Werkstückspeichertechnik ist bei der Gerätekonzeption
  zu beachten.

- Werkstückanordnungen auf Flachmagazinen, die anhand
  von Optimierungsmethoden festgelegt wurden, bedin-
  gen beim Greifen der Werkstücke ein Umorientieren
  des Greifers um die vertikale Z-Achse.

- Die Orientierung der Werkstückeinspannebene unterscheidet sich in den meisten Fällen von der Maga-
  zinierebene.

- Die optimale Werkstückanordnung läßt sich mathematisch berechnen. Die rechnerunterstützt ermittelten Belegungsmuster müssen zur Minimierung des Aufwandes auf die Programmierung der Ladeeinrichtung übertragen werden können.

Aus den erarbeiteten Erkenntnissen der automatischen Magazinierung von Werkstücken auf Flachmagazinen können folgende Anforderungen an eine Ladeeinrichtung abgeleitet werden:

a)   Durch die optimale Belegungsdichte und bei formschlüssiger Werkstücksicherung ist eine lineare Z-Bewegung im magazinnahen Bereich erforderlich.

b)   Die Anordnung der Bewegungsachsen ist so zu gestalten, daß mindestens ein kartesischer Versorgungsraum (lxbxh) von 600 mm x 400 mm x 400 mm bis 1200 mm x 800 mm x 1700 mm entsteht.

c)   Modularer Aufbau der Bewegungsachsen, damit die Verfahrwege leicht an das Magazinformat anpaßbar sind.

d)   Freie Programmierbarkeit von zwei Hauptachsen beim Handhaben von Werkstückreihen; von drei Hauptachsen beim Be- und Entladen von einzelnen Werkstücken.

e)   Eine programmierbare Greiferdrehbewegung um die Z-Achse für den Einsatz von Flachmagazinen mit optimierten und dadurch versetzten Greifräumen.

f)   Je nach Einsatzfall ist eine pneumatische oder freiprogrammierbare Greiferdrehbewegung um eine horizontale Achse für die Maschinenbeschickung nötig.

g)   Rechnersteuerung mit entsprechender Programmierung für eine rechnergestützte Erstellung des Handhabungsablaufes.

Eine wesentliche Anforderung an die Ladeeinrichtung resultiert aus wirtschaftlichen Betrachtungen. Das automatische Magazinieren führt nur zu relativ geringen Lohneinsparungen, so daß sich große Investitionssummen nicht rechtfertigen lassen.

h)   Die obersten Investitionsgrenzen für ein Magaziniersystem kann bei zweischichtiger Auslastung mit ca. 126.000,- DM angegeben werden. Von dieser Summe entfällt etwa die Hälfte auf die Ladeeinrichtung.

Diese Grenze wurde anhand eines Anwendungsfalles /44/ über die Kostenvergleichsrechnung (Bild 50) bestimmt.

Kosten	Automatisches Magazinieren	Manuelles Magazinieren
Beschaffungskosten (DM)	126.444,--	----
Nutzungsdauer (Jahre)	5	----
Kalkulatorische Abschreibung	25.289,--	----
Kalkulatorische Zinsen (10)%	6.323,--	----
sonstige fixe Kosten	1.000,--	----
Summe der fixen Kosten (DM / Jahr)	32.612,--	----
Löhne (2 Schichten)	20.000,--	80.000,--
Material	2.000,--	500,--
Energie / Wartung	2.000,--	1.000,--
sonstige variable Kosten	100,--	500,--
Summe der variablen Kosten (DM / Jahr)	24.100,--	82.000,--
Gesamtkosten (DM / Jahr)	56.712,-	82.000,--
Ausstoßverhältnis	1	: 1
Kostenersparnis (DM / Jahr)	25.288,--	
Amortisationszeit (Jahre)	2,5	

Bild 50: Kostenvergleichsrechnung zur Bestimmung der Investitionsobergrenze

6.1.2 Handhabungskonzepte

Das flexible Be- und Entladen von Flachmagazinen kann entsprechend Kap. 2.2.2 auf verschiedene Arten erfolgen. Dabei kann festgestellt werden, daß prinzipiell mindestens drei Bewegungsachsen für das Magazinieren von Flachmagazinen nötig sind. Diese können auch auf die Ladeeinrichtung und die Magazineinrichtung verteilt sein (Bild 51), wobei durch eine Aufteilung der Bewegungsachsen sich u.U. die benötigte Achsenanzahl erhöhen kann.

Gruppe	Bewegungen der Ladeeinrichtung	Bewegungen des Flachmagazins
A	3 freiprogrammierbare Bewegungen	ohne Bewegung
B	2 freiprogrammierbare Bewegungen	1 freiprogrammierbare Bewegung
C	2 festprogrammierte Bewegungen	2 freiprogrammierbare Bewegungen
D	2 festprogrammierte Bewegungen	2 festprogrammierte Bewegungen

Bild 51: Aufteilung der für das Be- und Entladen erforderlichen Bewegungen zwischen Lade- und Magazineinrichtung

Die Gruppe A setzt einen dreiachsigen Industrieroboter voraus, der kinematisch unterschiedlich aufgebaut sein kann. Da es vier mögliche Anordnungen der Linear- und Rotationsachsen bei Industrierobotern gibt, erhält man in der Gruppe A vier unterschiedliche Konzepte. Die Gruppe B ergibt durch unterschiedliche Anordnungen der zwei Bewegungsachsen drei Konzepte. Dies gilt auch für die Gruppen C und D, so daß insgesamt in Bild 52 dreizehn Konzepte aufgezeigt werden können.

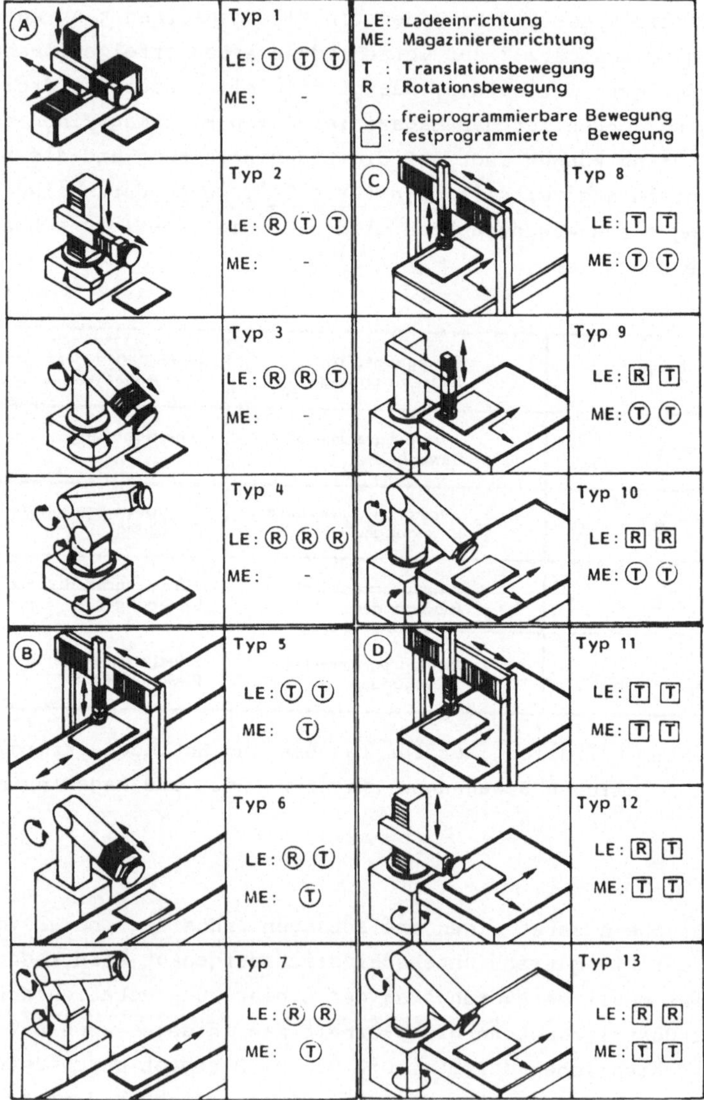

Bild 52: Konzepte für das automatische Magazinieren

6.1.3   Bewertung der Konzepte

Die erarbeiteten Konzepte werden anhand der erstellten Anforderungen bewertet (Bild 53). Dabei läßt sich feststellen, daß
sich die Gruppen A und B hinsichtlich der Flexibilitätskrite-
rien gleichen. Parallelitäten sind auch für die Gruppen B und
C zu erkennen, wenn man das Merkmal modularer Aufbau betrachtet. Ansonsten sind aus der Bewertungsmatrix keine weiteren
Zusammenhänge festzustellen.

Gruppe	Konzept Nr.	Flexibilität	Beladen von oben	lineare Z-Bewegung	freiprog. Greifdrehachse	Anzahl der Hauptachsen	Kartesischer Arb.-Raum	erforderl. Bewegungen	Modularer Aufbau	Vergrößerung Arbeitsr.	Rechnersteuerung	Kosten
A	1	●	●	●	●	●	●	●	○	○	◐	○
A	2	●	●	●	●	●	◐	●	○	○	◐	○
A	3	●	◐	◐	●	○	○	◐	○	○	●	○
A	4	●	○	◐	◐	○	○	○	○	○	●	○
B	5	●	●	●	●	●	●	●	●	●	◐	◐
B	6	●	◐	○	◐	●	○	◐	●	◐	◐	◐
B	7	●	○	○	◐	○	○	○	●	○	◐	◐
C	8	◐	●	●	○	●	●	○	●	●	◐	◐
C	9	◐	◐	●	○	●	◐	○	●	◐	◐	◐
C	10	◐	○	○	○	○	○	○	●	○	◐	◐
D	11	○	●	●	○	○	●	○	○	●	○	●
D	12	○	◐	●	○	○	◐	○	○	◐	○	●
D	13	○	○	○	○	○	○	○	○	○	○	●

Legende: ● gut   ◐ mittel   ○ schlecht

Bild 53: Bewertungsmatrix für Magazinladeeinrichtungen

Untersucht man die einzelnen Gruppen hinsichtlich der Flexibilität, so läßt sich anhand des Bildes 54 feststellen, daß
sehr flexible Konzepte - wie Industrieroboter und starres
Magazin - sehr teuer sind, während Einzwecklösungen bei ge-
ringer Flexibilität kostengünstig gestaltet werden können.

Während Lösungen aus den Gruppen A, C und D am Markt erhält-
lich sind, kann einerseits für die Gruppe B eine Entwicklungslücke festgestellt werden.
Um andererseits den Anwendungsbereich von Flachmagazinen in
der Fertigung zu vergrößern, muß ein Ladekonzept entwickelt
werden, das den Anforderungen an einen kostengünstigen Aufbau
und eine große Flexibilität gerecht wird, damit die Entwicklungslücke ausgefüllt werden kann.

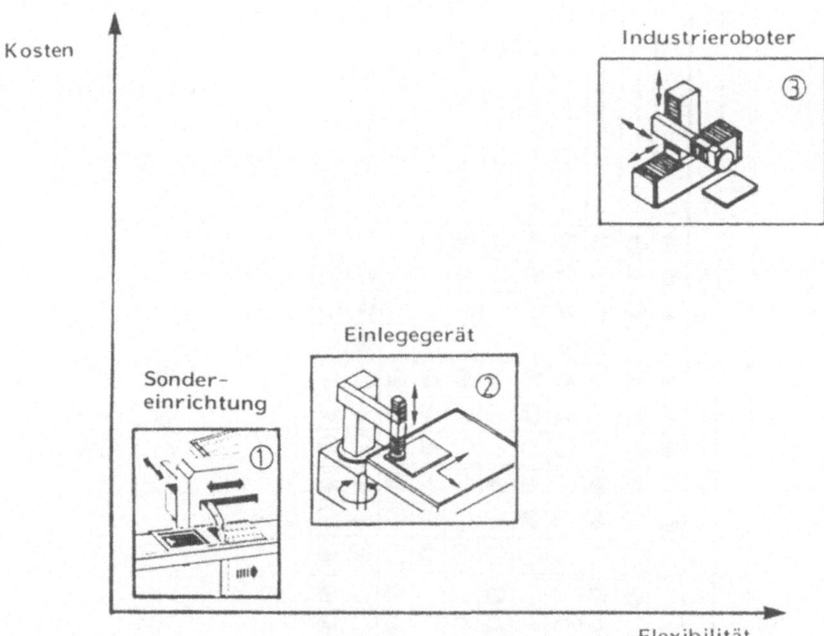

__Bild 54__: Flexibilität und Kosten von Magazinladeeinrichtungen

Die optimale Lösung, die diese Entwicklungslücke ausfüllt,
muß allen Anforderungen genügen, wie das beim Konzept 5 der
Fall ist. Deshalb soll in der weiteren Arbeit die Lösung 5
realisiert werden.

6.2 Entwicklung des programmierbaren Magazinladers

Die Entwicklung einer kostengünstigen und programmierbaren
Ladeeinrichtung ist eine wichtige Grundbedingung für den
wirtschaftlichen Einsatz von Magazinen, nicht zuletzt auch die
Voraussetzung zur Aufrechterhaltung der geschaffenen Ordnung
in einer Fertigung. Durch die Anforderungen, die für ein
derartiges Konzept herausgearbeitet wurden, ist der konzep-
tionelle und steuerungstechnische Aufbau eines programmierbaren Magazinladers (PLA) und des dazugehörigen programmierbaren Anschlages (PA) als dritte Achse für die Positionierung
der Flachmagazine vorgegeben.

6.2.1 Der konzeptionelle Aufbau des Magazinladers

Der PLA besteht in seiner Minimalkonfiguration aus zwei translatorischen Achsen, die senkrecht zueinander angeordnet sind.
Diese Konfiguration ist für ein Be- und Entladen der Flachmagazine ausreichend. Die Auslegung der Antriebe gewährleistet
einen Aufbau in Portalbauweise, und somit ein Laden von oben.
Die Bauweise ist so gestaltet, daß sich durch Auswechseln von
wenigen Elementen die benötigten Verfahrwege realisieren
lassen. Das Be- und Entladen unterschiedlicher Werkstücke auf
Magazinen mit Reihen und Spalten macht es notwendig, daß
beide Achsen freiprogrammierbar ausgestattet sind. Für An-
wendungsfälle, die Festanschläge erfordern, lassen sich die
servogeregelten Gleichstromantriebe auch durch pneumatische
Antriebe auswechseln. Die Verwendung von optimal belegten
Magazinen ist durch die lineare Z-Bewegung und eine zusätzliche Greiferdrehachse gesichert. In jedem Fall ist es sinnvoll, die dritte Bewegung zur Erreichung eines Arbeitsraumes
problemspezifisch auszubilden und das Magazin durch die Ar-
beitsfläche des PLA hindurchzutakten. Die gesamte Steuerung
aller Achsen erfolgt durch einen Rechner, der eine hohe Flexibilität zuläßt und dem Bediener eine einfache und übersichtliche Programmierung bietet.

Zusammenfassend kann festgestellt werden, daß der Vorteil des
speziell entwickelten Konzeptes /45/ in der einfachen und
kostengünstigen Mechanik, im modularen Aufbau, in der leichten
Anpassungsmöglichkeit an die benötigten Verfahrwege und in der
Rechnersteuerung liegen. Dieses Konzept kann alle Anforderungen (Kap. 6.1.3), die an eine Ladeeinrichtung für Magazine
gestellt werden, erfüllen.

Das **Bild 55** zeigt den Aufbau des Handhabungskonzeptes in einer
zweiachsigen Ausführung beim Handhaben von Werkstückreihen und
einer dreiachsigen Konfiguration aus zwei PLA-Achsen und einer
PA-Achse für die Handhabung von einzelnen Werkstücken.

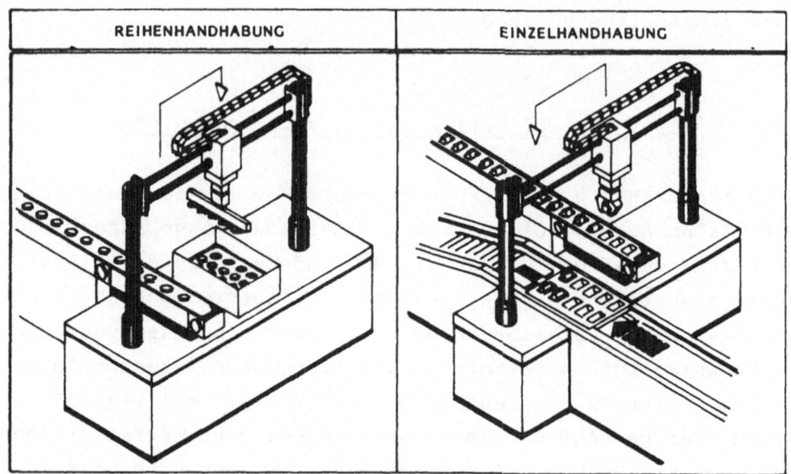

Bild 55: Konzeptioneller Aufbau des PLA

6.2.1.1 Mechanischer Aufbau

Der mechanische Aufbau des PLA besteht aus zwei Portalsäulen,
zwischen die zwei tragende Rundführungen eingespannt sind.
Entlang diesen Führungen läuft in der X-Achse kugelgelagert
ein Schlitten, in den auch die Führungs- und Antriebselemente
der senkrechten Achse integriert sind. Der Schlitten, der als
Baukastenmodul unabhängig vom Verfahrweg immer gleich ausgebildet ist und ca. 70 % des Wertes der mechanischen Bauteile

ausmacht, wird horizontal über eine Zahnstange von einem
handelsüblichen Gleichstrommotor mit integriertem Stirnradge-
triebe und Tacho angetrieben. Als Wegmeßsystem wird ein
optischer Impulsgeber mit zwei Spuren und einem Nullimpuls
eingesetzt. Die senkrechte Achse (Z-Achse) entspricht vom
Antriebskonzept her der waagerechten Bewegungsachse (X-Achse),
da auch zwei Rundführungen, eine Zahnstange, ein elektrischer
Antriebsmotor mit Ritzel und ein optischer Impulsgeber eingesetzt werden. Ergänzt werden diese Elemente von einem Druck-
luftlamellenmotor für die Gewichtskompensation von Greifer,
Führungen und Handhabungsgewicht, sowie einer elektrisch
gelüfteten Bremse, die bei Stromausfall den Arm der Z-Achse
halten muß. Durch die Austauschbarkeit von vier Teilen je
Achse (zwei Rundführungen, eine Zahnstange und eine Ablage-
rinne für die Kabelführung) kann der Verfahrweg dem jeweiligen
Anwendungsfall einfach angepaßt werden, wobei in der X-Achse
als mechanische Grenzen bei einem Durchmesser der Führungen
von 40 mm eine Spannweite von zwei Metern entsprechend einem
Verfahrweg von 1700 mm genannt werden müssen. In der Z- Achse
ist die maximale Hubbewegung überwiegend von der Leistung des
Antriebsmotors abhängig. Die realisierte Hubbewegung beträgt
800 mm und kann bei höherer Getriebeübersetzung auf 1200 mm
erhöht werden.

6.2.1.2 <u>Steuerungsstruktur</u>

Die Steuerung des PLA ist entsprechend der mechanischen Aus-
baumöglichkeit ebenfalls modular aufgebaut. Neben maximal drei
servogeregelten Haupt-Achsen, zwei Neben-Achsen mit einem ana-
log aufgebauten Regelkreis, lassen sich auch über digitale
Ein- und Ausgänge wahlweise pneumatische Antriebe steuern und
Fertigungseinrichtungen verketten. Das Kernstück der Steuerung bildet ein Kleinrechner, der mit entsprechender Software
den Bedienern bei der Erstellung von komplexen Handhabungsabläufen unterstützt, da sonst die Programmierung von vielen
Werkstückpositionen zu zeitintensiv wird /46/. Der Rechner
bildet aufgrund der eigens dafür entwickelten Software

Kommandosätze, die über den genormten IEC-Bus /47/ an das
Lageregelgerät gelangen, und dort, sei es als Positionieran-
weisungen, als digitale oder analoge Schaltsignale oder als
digitale Abfragen zur Ausführung kommen.

6.2.2 Der programmierbare Anschlag

Der programmierbare Anschlag (PA) ist als Ergänzung für den
PLA bei der Einzelteilhandhabung anzusehen und hat die Aufgabe, das Flachmagazin unter dem PLA hindurchzutakten. Mit
diesem Konzept wird es möglich, das Magazin flächenhaft zu
beladen. Der Grundgedanke dieser Entwicklung /48/ beruht
darauf, den Antrieb des Fördermittels auszunutzen und mit
einem beweglichen Anschlag, der wie eine NC-Achse aufgebaut
ist, das Magazin auf dem Fördermittel zu positionieren. Die
Antriebseinheit des PA ist von den Komponenten her ähnlich
aufgebaut wie die Bewegungsachsen des PLA. Ein Gleichstrommotor verstellt über eine Spindel einen pneumatischen, ein-
rückbaren Anschlag, der das Flachmagazin durch den Schlupf des
kontinuierlich laufenden Förderbandes positioniert. Die mechanische Ausführung des PA kann dem Bild 56 entnommen werden.

Bild 56: Der programmierbare Anschlag

6.3   Rechnergesteuertes Magazinieren

6.3.1   Programmiermöglichkeiten

Der im Steuerungskonzept vorgesehene Kleinrechner bietet die
Möglichkeit, durch entsprechende Programmpakete den Bediener
bei der Programmierung zu unterstützen. Dies ist deshalb notwendig, da beim Magazinieren eine große Anzahl von Werkstücken
bei immer wiederkehrenden Bewegungsfolgen aber unterschiedlichen Positionen zu handhaben sind.
Da die Werkstückpositionen im Rahmen der Belegungsoptimierung
(Kap.5) festgelegt wurden, liegen sie als numerische Werte
vor. Um die Flexibilität zu verbessern, muß nach Möglichkeiten gesucht werden, wie man sehr schnell andere Flachmagazine
mit neuen Belegungsmustern unter Ausnutzung der Daten aus der
Belegungsberechnung in die Fertigung einschleusen kann. In
Abhängigkeit von den Rechnerverbundmöglichkeiten künftiger
Anwender sollen, nun zwei Methoden zur Vereinfachung der Programmierung von Magaziniersystemen dargestellt werden. Dies
sind das Programmieren über eine problemorientierte Programmiersprache und die automatische Generierung des Handhabungsablaufes durch Daten, die mittels EDV aus der Belegungsoptimierung übernommen werden können.

6.3.2   Entwicklung der Programmiersprache "LASP"

Die Programmiersprache "LASP" (Ladersprache) wurde in BASIC
erstellt und ist für einen fünfachsigen kinematischen Aufbau
(3 Hauptachsen, 2 Greiferachsen) des entwickelten programmierbaren Magazinladers (Kap. 6.2) konzipiert worden. Das
Prinzip von "LASP" beruht auf der Entwicklung von zwanzig
unterschiedlichen Sprachelementen, die durch eine konkrete
Syntax festgelegt sind. Diese Sprachelemente sind aus zwei
Buchstaben aufgebaut und werden intern interpretiert. Bei
bestimmten Befehlen (Verfahrbefehle, Signalbefehle, etc.)
werden im Anschluß an die Buchstabenkette numerische Eingaben
für Positionen etc. erwartet. Im Bild 57 ist ein Auszug aus
diesem Befehlssatz dargestellt.

Sprachelement	Bedeutung	Sprachelement	Bedeutung
PB /+100/+200/+300	Position +100, +200, +300 in X, Y, Z im Bezugsmaß anfahren	GA/GZ	Greifer auf / Greifer zu
PK /+10/+20/+30	Mit +10, +20, +30 in X, Y, Z im Kettenmaß verfahren	SS/01	auf Kanal 1 ein Signal setzen
FB	Position, eingestellt am Frontschalter, im Bezugsmaß anfahren	SR/01	auf Kanal 1 ein Signal r ü c k setzen
FK	um die am Frontschalter eingestellten Werte im Kettenmaß verfahren	SE/01	Warten, bis auf Kanal 1 ein Signal liegt
VO/10.0/20.0/30.0	Definition der Geschwin - digkeit in % der Maximalgeschwindigkeit	AP	Ausgangsposition anfahren
WZ/1.0	Wartezeit in Sekunden	PE	Programmende

Bild 57: Auszug aus dem Befehlssatz der Magazinladersprache "LASP"

Neben den Ausführungsbefehlen für die direkte Ansteuerung des
PLA werden dem Bediener auch noch Befehle zur Verzweigung des
Handhabungsablaufes an die Hand gegeben.
Der angebotene Sprachschatz steht dem Programmierer in einem
speziellen Programmteil zur Verfügung, welcher das Zusammen-
stellen, Verändern, Löschen, Einfügen sowie das Abspeichern
und Lesen von Datenträgern ausführt. Mit diesem Teil kann der
Benutzer sehr einfach über die Tastatur schon in der Arbeitsvorbereitung aufbauend auf der Magazinbelegung Bewegungsfolgen
programmieren. Die Ausführung der Handhabungsschritte kann vor
Ort über drei unterschiedliche Kommandos eingeleitet werden.
Über das Kommando "Zyklus" wird nach der Eingabe der Zyklen-
anzahl ein automatischer Betrieb ausgeführt. Dazu werden die
zuvor über die Tastatur eingegebenen Ausführungsbefehle inter-
pretierend abgearbeitet. Das Kommando "Schritt" erfordert ein
Quittiersignal des Bedieners nach jeder Ausführung eines
Handhabungsbefehls. Über "Kalibrieren" kann die angefahrene
Position nach jedem Handhabungsschritt korrigiert werden.
Fehlen für einen Positionierbefehl die Positionsangaben, so
geht LASP davon aus, daß diese Positionen im ersten Handha-
bungsdurchlauf über die Funktion "Teach In" festgelegt werden.

6.3.3   Automatische Generierung von Steuerprogrammen

Aus Gründen der Wirtschaftlichkeit ist es sinnvoll, die bei
der Magazinbelegung mittels EDV gewonnenen Daten auch bei der
Programmierung zu verwenden. Dadurch läßt sich der Programmieraufwand beim Erstellen neuer Abläufe oder beim Umprogram-
mieren deutlich reduzieren. Die benötigten Daten, wie Werkstückpositionen und Handhabungsaufgabe, werden unter Vermei-
dung der Nachteile, die ein manuelles Eingeben mit sich
bringt, bei der automatischen Generierung über ein Daten-
netzwerk von einer zentralen Datenbank eingelesen. Anschließend wird rechnerunterstützt automatisch ein Handhabungsablauf
erstellt (Bild 58). Dies ist möglich, da sich die Abläufe beim
Magaziniervorgang als Bewegungsmuster formulieren lassen, die
dann noch mit Werkstückpositionen aufgefüllt werden müssen.

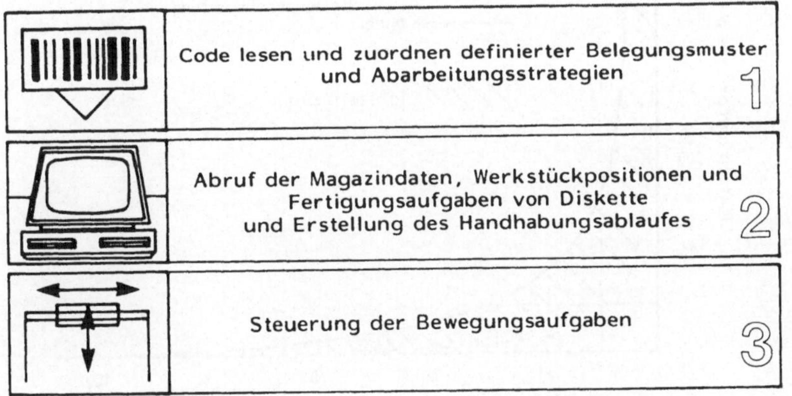

Bild 58:   Automatische Generierung eines Handhabungsablaufes

Beispielhaft soll die Generierung eines Handhabungsablaufes
beim Befüllen eines Flachmagazins (LxB = 600 mm x 400 mm) mit
Werkstücken (lxb = 40 mm x 40 mm) dargestellt werden.
Die manuelle Erstellung dieses Ablaufes beinhaltet die Er-
fassung von ca. 1500 einzelnen Handhabungsschritten, während
eine automatische Generierung die Erstellung des Handhabungs-
ablaufs auf das Einlesen von Daten von einem Datenträger und
die manuelle Eingabe von fünf Festpositionen reduziert.

6.4   Auswertung des Magazinbelegungszustandes

Die Bestimmung des Belegungszustandes von Flachmagazinen hat
den Sinn, ein Magazin zu identifizieren und belegte Werkstückpositionen auf dem flächigen Magazin zu erkennen. Aufgrund dieser Informationen kann dann steuerungstechnisch das
Handhabungssystem unbelegte Positionen überspringen, um so
Taktzeit einzusparen. Lücken in einem Magazin können zum
Beispiel dadurch entstehen, daß Ausschußteile, die in vorge-
lagerten Prozessen aussortiert wurden, im Laufe der Fertigung
nicht ergänzt werden. Wie wichtig die Auswertung der Magazinbelegung ist zeigt <u>Bild 59</u>.

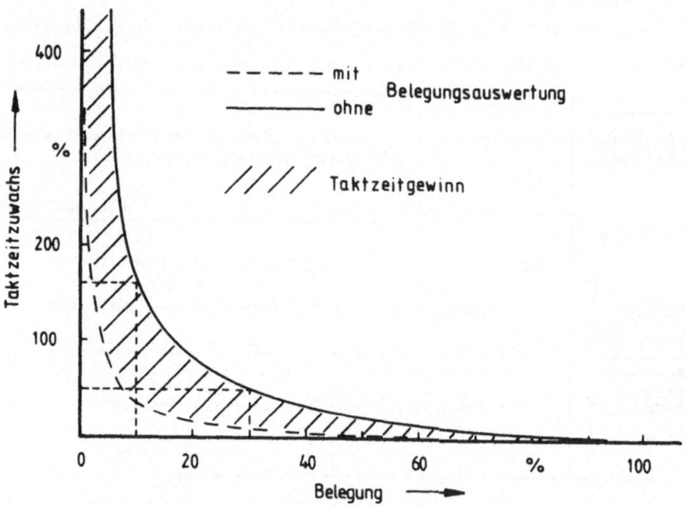

<u>Bild 59</u>:   Taktzeitzuwachs bei unvollständiger Magazinbelegung
ohne und mit Erkennung der Fehlpositionen

Der Ablauf bei der Bestimmung des Belegungszustandes muß sich
in zwei Schritte gliedern:

    a)   Erkennung der Magazinidentität und
    b)   Erkennung der belegten Positionen.

Die Auswertung des Belegungszustandes muß auf der Magazinidentifizierung aufbauen. Da durch die Identifizierung die Positionen der Werkstückreihen und Spalten bekannt sind, kann ge-
zielt nach Fehlteilen gesucht werden.

Ein System, das die Magazinidentifizierung und die Auswertung
der Magazinbelegung ausführen kann, muß folgende Kennzeichen
aufweisen:

- Abspeichern und Auswertung unterschiedlicher Codes

- Abspeichern unterschiedlicher Szenen und Auswertung
  von Fehlstellen nach einem Vergleich

- Auswertung des Ergebnisses in < 1 Sekunde

- Auflösung bei der Fehlteilbestimmung von einem
  Millimeter zur Erkennung von dünnwandigen Hohlteilen

- Übergabe des Auswertungsergebnisses an einen
  Leitrechner

6.4.1   Der Zeilensensor für die Belegungsauswertung

Für die Lösung dieser Aufgabe bietet sich hardwaremäßig ein
Zeilensensor an, wie er beispielsweise für Prüfaufgaben entwickelt wurde (Bild 60). Dieser Zeilensensor besteht aus einer
Aufnahmekamera, einer Auswerteeinheit und einem Monitor.
Im Gegensatz zu anderen optischen Fernsehsensorsystemen wertet
dieser Zeilensensor nicht das gesamte Fernsehbild aus, sondern
nur einzelne Zeilen, die speziell angewählt werden müssen.
Durch dieses Konzept werden einmal die Kosten für dieses System in Grenzen gehalten und zum zweiten erhält man dadurch
eine übersichtlichere und schnellere Auswertung.
Als Schnittstelle zu einem übergeordneten Rechner wurde in
den Zeilensensor ein IEC-Bus implementiert, um den Meßvorgang
starten und das Meßergebnis übernehmen zu können.

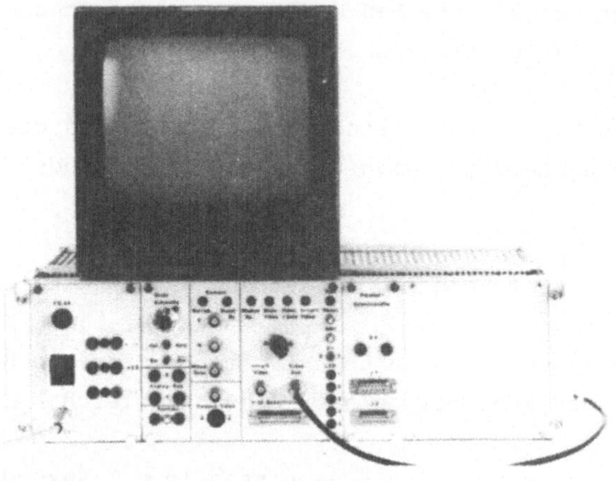

Bild 60: Auswerteeinheit mit Monitor

Für diesen Sensor wurde eine spezielle Softwareentwicklung betrieben /49/, um im einzelnen folgenden Erkennungsablauf realisieren zu können:

1) Auswertung einer programmierten Zeile für die Magazindecodierung.

2) Bereitstellung des Codes auf Anforderung des Leitrechners.

3) Auswertung von mehreren programmierten Zeilen, die von dem Ergebnis der Magazinidentifikation abhängen und vom Leitrechner vorgegeben werden.

4) Bereitstellung des Auswerteergebnisses auf Anforderung des Leitrechners.

Aus dem möglichst kontrastreichen Fernsehbild wird vom Fernsehsensor ein Binärbild erzeugt. Die Speicherung erfolgt durch Impulse, die bei einem Wechsel des Binärsignals generiert wer-

den. Da das Abspeichern der Koordinaten, in denen ein Wechsel
des Binärsignals auftritt (<u>Bild 61</u>), auf bestimmte Zeilen, die
frei programmiert werden können, beschränkt wird, läßt sich
die Zahl der zu verarbeitenden Daten reduzieren.

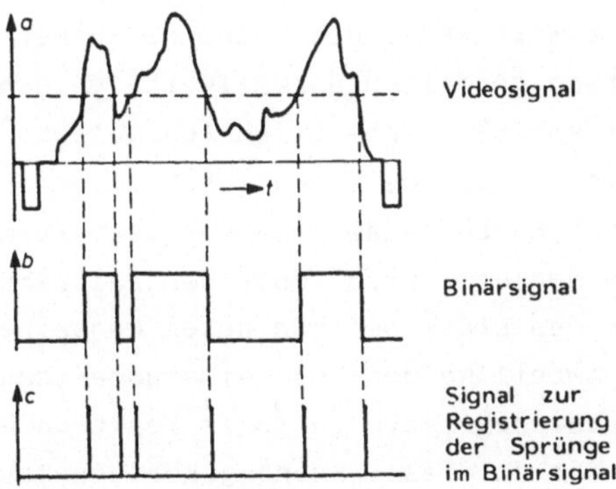

<u>Bild 61</u>: Signale des Zeilensensors

Steuerungstechnisch wird der Zeilensensor so in die Gesamt-
steuerung integriert, daß der Meßvorgang von einem Leitrechner über den IEC-Bus gestartet wird. Da der Prozessor des Zei-
lensensors in Maschinensprache programmiert wird, ist man aus
Gründen des Programmieraufwandes und der Überschaubarkeit be-
strebt, alle anwendungsspezifischen Berechnungen im Leitrechner in einer höheren Programmiersprache zu realisieren. Aus
diesem Grund werden vom Zeilensensor nur die Anzahl der Binärwechsel und deren Positionen bei Angabe der Spalte und Zeile
des Fernsehbildes übertragen.
Die Bestimmung der eigentlichen Fehlteile durch einen Vergleich des Auswerteergebnisses eines vollen Mustermagazins und
des zu prüfenden Magazins wird im übergeordneten Rechner in
der Programmiersprache BASIC realisiert.
Bei der Übernahme des Systems in größeren Stückzahlen in die
Produktion ist es aus Taktzeitgründen sinnvoll, diesen Aus-
werteanteil dem Zeilensensor zu übertragen.

6.4.2 Programmierung und Ablauf der Erkennung

Der Ablauf der Erkennung muß unterteilt werden in Erkennung
der Identität und der Belegung. Die Erkennung der Identität
ist so aufgebaut, daß die Position des auszuwertenden Strich-
codes immer an derselben Stelle erwartet wird. Dadurch kann
für diesen Teil die Programmierung eines unbekannten Magazins
entfallen, da die Wertigkeit des Codes berechnet wird. Auch
die zur Decodierung gehörigen Schwellwerte werden für die
Bestimmung der Identität einheitlich festgelegt.
Die Bestimmung der Magazinbelegung setzt allerdings voraus,
daß ein komplettes Mustermagazin in der Decodierzelle positioniert und dort eingelernt wird. Über den Leitrechner wird ein
Programmteil für das Einlernen von neuen Magazinen aufgerufen.
In diesem Programmteil werden über eine numerische Eingabe die
auszuwertenden Linienelemente in ihrer Position und Länge definiert, ebenso die zu dieser Szene gehörigen Schwellwerte für
die Binärsignale. Jedes Element wird über den Maskenspeicher
auf dem Monitor dargestellt und kann über entsprechende Eingaben korrigiert werden. Die so formatierten Auswertezeilen
werden zusammen mit den Schwellwerten des Binärsignals intern
in einem Adreßbereich abgelegt und einer Szenennummer zugeord-
net. Unter Angabe dieser Nummer können die für die betreffende
Szene programmierten Daten aufgerufen werden.
Anschließend wird vom Leitrechner aus ein Erkennungsvorgang
gestartet, um mit den ausgewerteten Binärsignalwechseln eine
"Eichszene" zu generieren. Aus Gründen der Benutzerfreundlich-
keit wird diese Eichszene nicht im Fernsehsensor abgelegt,
sondern im Leitrechner. So können leichter Anpassungen in der
Programmiersprache BASIC erfolgen.
Die erzeugte Eichszene, die mit dem Magazincode in Verbindung
gebracht wird, ist zusammen mit allen aktuellen Eichszenen auf
einem Datenträger abzulegen, um so ein besseres Datenhandling
und eine größere Transparenz zu schaffen.
Nach Abschluß der Programmierung des Mustermagazins kann die
Auswertung aller in der Decodierzelle eintreffenden Magazine
mit einem bekannten Code erfolgen. Der Auswertezyklus beginnt
mit einem Startbefehl des Leitrechners (Bild 62).

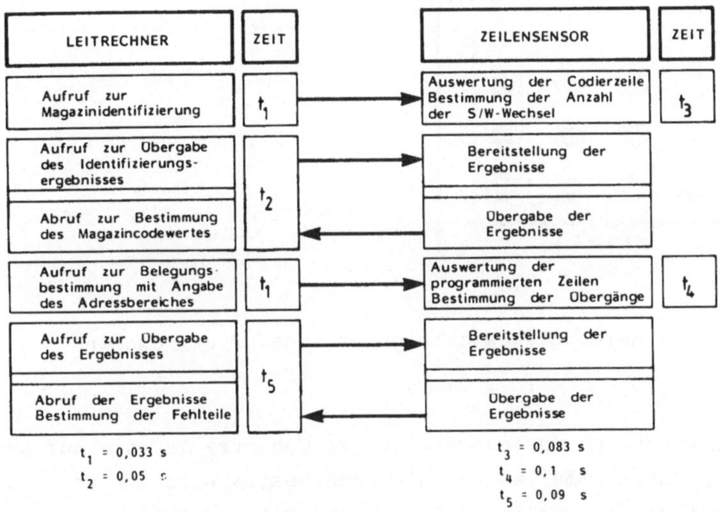

Bild 62: Datenaustausch bei der Erkennung der Magazinbelegung

Ist nun die Belegung des decodierten Magazins zu bestimmen, so erfolgt vom Leitrechner aus unter Angabe der Szenennummer ein erneuter Meßlauf. Die vom Zeilensensor übergebenen Binärwechsel werden vom Leitrechner in einer "Meßszene" aufgearbeitet und in einem Vergleichsprogramm mit der Eichszene verglichen. Dieses Programm, das aus Zeitgründen in Maschinensprache geschrieben ist, filtert die fehlenden Binärwechsel heraus und schließt daraus auf unbesetzte Magazinpositionen.
Die unterschiedlichen Prozeßzeiten lassen sich so erklären, daß sich einmal die Aufrufbefehle zur Magazinidentifizierung und zur Belegungsbestimmung entsprechen, während die Auswertung der Codierzeile und der Magazinplätze unterschiedlich lange dauern. Dies gilt auch für die Übergabe der Ergebnisse, da bei der Decodierung maximal nur zehn Positionswerte von Binärwechseln gegeben sind und die Datenlänge bei der Belegungsbestimmung von der Anzahl der vorhandenen Teile abhängt. In **Bild 63** ist ein Auswertevorgang mit den Positionen der Schwarz-Weiss Übergänge dargestellt.

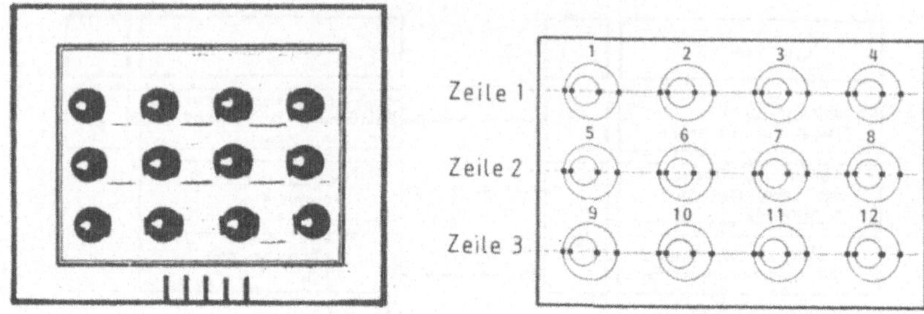

Bild 63: Belegungsauswertung auf einem Flachmagazin

Im Gegensatz zu der Auswertung der Codierzeile, die auf dem
Flachmagazin immer an der gleichen Position zu finden ist, muß
bei der Bestimmung der Belegung von Fall zu Fall differenziert
werden. So muß man bei der Programmierung der abgebildeten
Szene darauf achten, daß die Auswertezeilen eine Bohrung
innerhalb der Werkstückkontur schneiden. Dadurch erhält man
vier Binärsignalwechsel pro Werkstück. Bei der Bestimmung der
auf dem Magazin vorhandenen Teile müssen folglich vier Übergänge zusammengefaßt werden.

Eine wesentliche Voraussetzung für eine korrekte Auswertung
ist eine lichttechnisch optimal gestaltete Szene, in der durch
geeignete Beleuchtungsmaßnahmen ein Schwarz-Weiss-Bild des
Werkstückes erzeugt wird, aus dem durch elektronische Opera-
tionen ein eindeutiges binärwertiges Signal gewonnen werden
kann. Gute Ergebnisse werden durch das Durchlichtverfahren erreicht. Bei diesem Verfahren wird eine Lichtquelle unter dem
Flachmagazin angebracht, welches aus einem lichtdurchlässigen
Material gefertigt sein muß.
Werkstücke, die nun magaziniert sind, werden auf dem Monitor
als schwarze Flächen, Durchbrüche als helle Flächen dargestellt, wodurch diese Szene ausgewertet werden kann.

Ziel einer Erprobung der entwickelten Einzelkomponenten und
Optimierungsmethoden war es, in einem Magaziniersystem die
Auswirkungen dieser Maßnahmen zu überprüfen. Aus diesem Grund
wurde ein solches System für die Maschinenbeschickung aufgebaut. Für Dauerversuche wurde ein Magazinumlauf für Flachmagazine mit zwei Doppelgurtbändern realisiert. Damit setzt sich
das Gesamtsystem aus den folgenden Komponenten zusammen
(<u>Bild 64</u>):

– Flachmagazine	–	Flachmagazinspeicher
– Ladeeinrichtung	–	Decodiereinrichtung
– Transportsystem	–	Fertigungseinrichtung

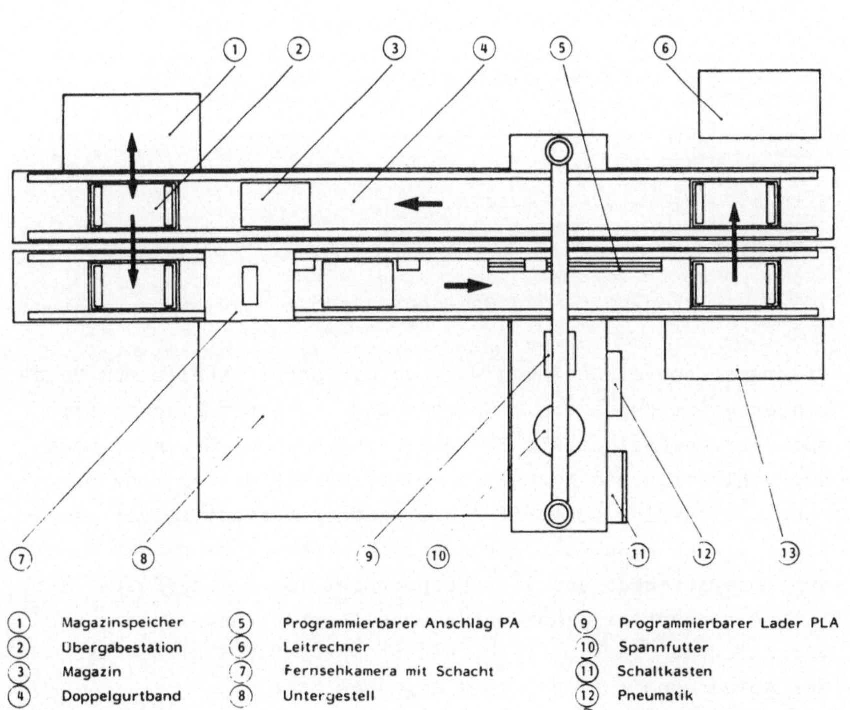

① Magazinspeicher	⑤ Programmierbarer Anschlag PA	⑨ Programmierbarer Lader PLA
② Übergabestation	⑥ Leitrechner	⑩ Spannfutter
③ Magazin	⑦ Fernsehkamera mit Schacht	⑪ Schaltkasten
④ Doppelgurtband	⑧ Untergestell	⑫ Pneumatik
		⑬ Steuerung SPS

<u>Bild 64</u>: Layout des Magaziniersystems

7.1 Fertigungsaufgabe und Fertigungseinrichtung

Als Fertigungsaufgabe wurde das Beschicken einer Bohreinrichtung vorgegeben. Dabei wurde davon ausgegangen, daß die Fertigungseinrichtung ohne Umrüstvorgang mit unterschiedlichen Werkstücken nach Bild 65 beschickt wird. Die Taktzeit für einen Bearbeitungszyklus beläuft sich im Mittel auf ca. 10s.

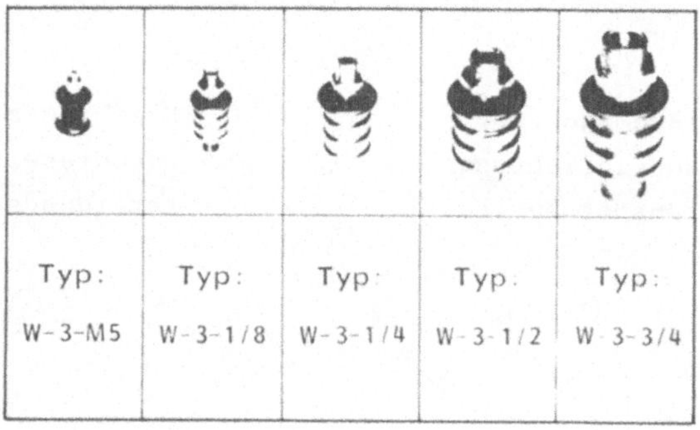

Typ:	Typ:	Typ:	Typ:	Typ:
W-3-M5	W-3-1/8	W-3-1/4	W-3-1/2	W-3-3/4

Bild 65: Werkstückspektrum

7.2 Transport- und Speichersystem

Die Magazinbereitstellung wird an der Schnittstelle zum Maganiersystem durch ein Transportband und einen Flachmagazinspeicher gewährleistet. Für die Erprobung des Gesamtsystems empfiehlt sich ein Werkstückumlauf, da mit diesem Konzept ohne personellen Eingriff ein einfacher Langzeitablauf realisiert werden kann. Das eingesetzte Doppelgurtband, das mit zwei Querstrecken und vier Stopperpositionen ausgerüstet ist, bietet den Vorteil, daß durch eine leichte Installation von verschiedenen Baueinheiten, wie Stopper, Überschieber etc., der Ablauf den Anforderungen anpaßbar ist.

7.3   Das Kunststoffmagazin als Werkstückspeicher

Die realisierten Flachmagazine sind tiefgezogene Kunststoffmagazine (Kap. 4.2.3.1), die sich als vorteilhaft erwiesen.
Die Herstellung erfolgte auf einer Tiefziehmaschine. Als
Schnittstelle zum Transportsystem wurden steckbare Transportrahmen eingesetzt, die an das Doppelgurtband angepaßt sind.

7.3.1   Platzoptimale Belegung der Flachmagazine

Die platzoptimale Belegung der Flachmagazine wurde durch das
Flächenoptimierungsprogramm (Bild 66) vorgenommen. Die zu
speichernden Werkstücke lassen sich der Grundfigur "Kreis"
zuordnen und variieren lediglich im Durchmesser.

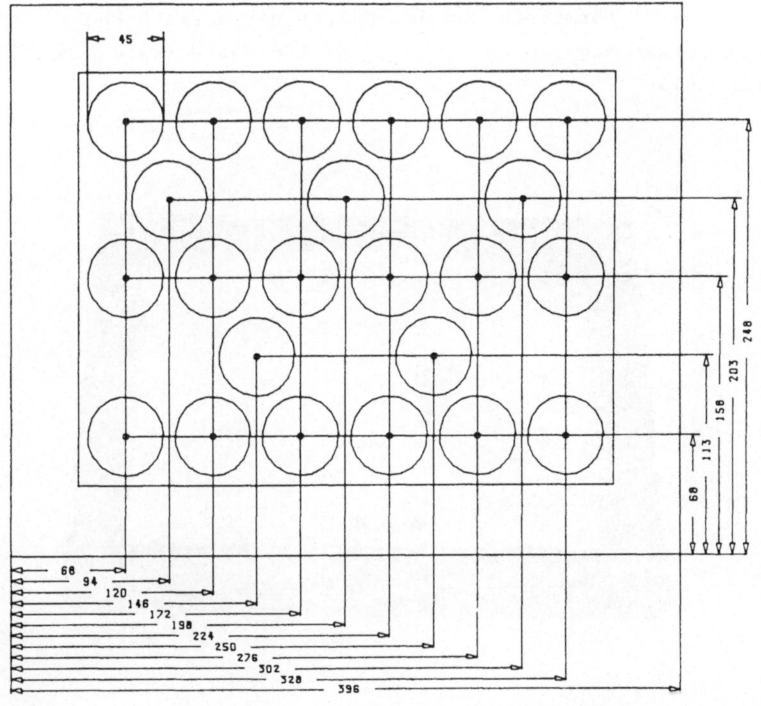

Bild 66: Platzoptimale Belegung für das Werkstück W-3-1/2

7.3.2 Realisierung der Flachmagazine

Aus der erstellten Plotterzeichnung lassen sich sehr leicht die entsprechenden Kunststoffmagazine mit den Maßen 400 mm x 300 mm herstellen. Da die Werkstücke 1 und 2 (W-3-M5 und W-3-1/8) ohne Platzverlust in einem Magazin gespeichert werden können, ist es sinnvoll für diese Teile ein kombiniertes Magazin herzustellen, das erst im späteren Einsatz aufgrund unterschiedlicher Codierungen nach dem gespeicherten Werkstück unterschieden wird. Die Werkstücke 3-5 (Typen W-3-1/4 bis 3/4) werden in Flachmagazinen gespeichert, die auf nur ein Werkstück abgestimmt sind. Bei einer Integration aller fünf Werkstücke in einem kombinierten Magazin würde ein Kapazitätsverlust von 72 % auftreten.

Um den Ordnungszustand der Werkstücke zu sichern, empfiehlt sich eine Einformtiefe von der Hälfte der Werkstückhöhe. Ein realisiertes Magazin ist im Bild 67 für das Werkstück W-3-1/4 dargestellt.

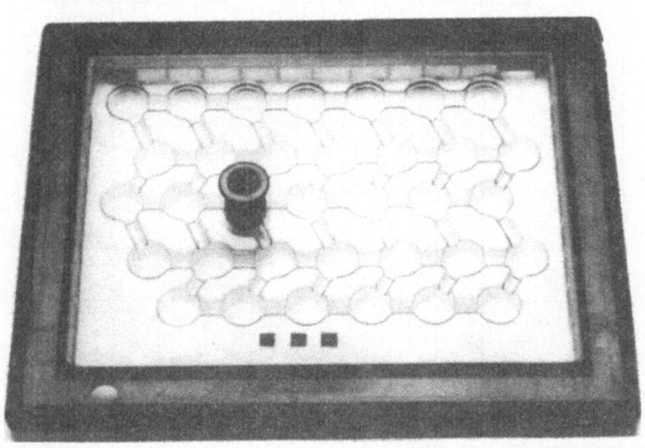

Bild 67: Ausgeführtes Flachmagazin für das Werkstück W-3-1/4

7.4 Integration der Handhabungskomponenten

Das Magazinieren wird durch den entwickelten programmierbaren
Lader (PLA) (Kap. 6.2) vorgenommen. Die Anordnung des programmierbaren Anschlages (PA) (Kap. 6.2.2) erfolgt zwischen den
Doppelgurtbändern, wobei die Flachmagazine mit einem Stopper
positioniert werden, so daß insgesamt drei Handhabungsachsen
zum Einsatz kommen.
Im Bild 68 ist der Aufbau des Gesamtsystems mit allen Teilsystemen dargestellt.

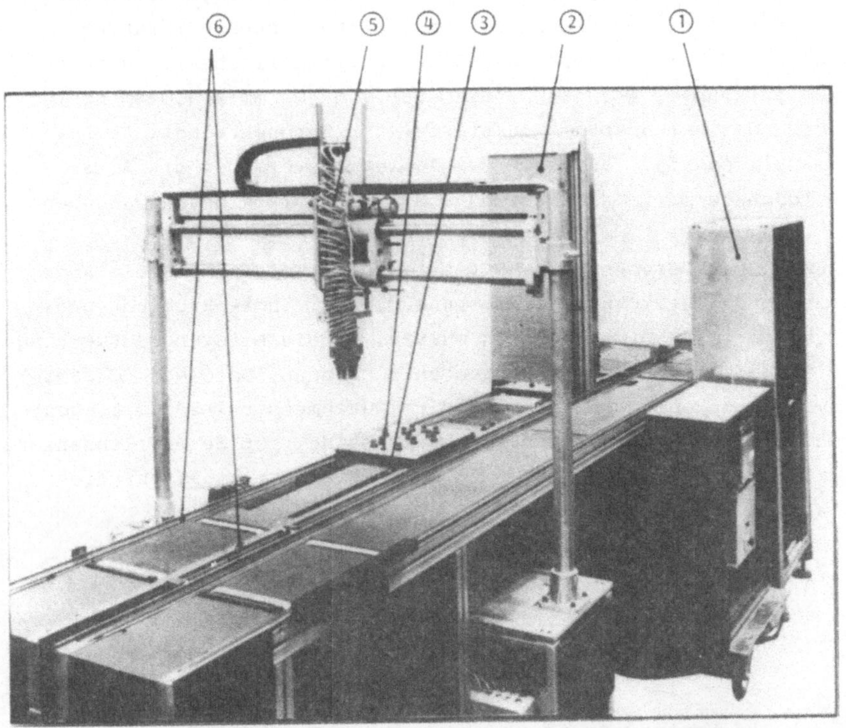

Bild 68: Der Magazinlader im Gesamtsystem

7.5 Informationserfassung mit dem Zeilensensor

Die Decodierung der Flachmagazine und die Auswertung der Belegung erfolgt durch den Zeilensensor (Kap. 6.4.1). Durch die gerätetechnische Trennung von Optik und elektronischer Auswerteeinheit ist die Unterbringung der Elektronik im Steuerschrank und der Optik in der Decodierzelle sinnvoll. Diese Decodierzelle besteht aus der Beleuchtung, die zwischen den Doppelgurtbändern angebracht ist, einem Erkennungsschacht, der auf die Bänder aufgesetzt ist und Störlicht ausschalten soll und der in diesem Erkennungsschacht angeordneten Fernsehkamera. Um die eingesetzten Flachmagazine flächenmäßig aufnehmen zu können, ist ein Bildfenster von 400 mm x 300 mm nötig. Durch das vorgegebene Punktraster der Fernsehtechnik (512 x 512 Bildpunkte) läßt sich das Auflösungsvermögen mit 1.28 Bildpunkte/mm in X- Richtung und 1.70 in Y- Richtung angeben.

Aus dieser Berechnung kann festgestellt werden, daß die Abmessungen der Werkstücke mindestens 0.78 mm in X- Richtung und 0.58 mm in Y- Richtung sein müssen, um die Belegungsauswertung mit dem Zeilensensor durchführen zu können. Da die im Gesamtsystem vorkommenden Werkstücke im Durchmesser ≻ 20 mm liegen und die Wanddicken ebenfalls ≻ 5 mm sind, ist der Zeilensensor mit den programmierbaren Linienelementen (Bild 69) für diese Aufgabe gut einsetzbar.

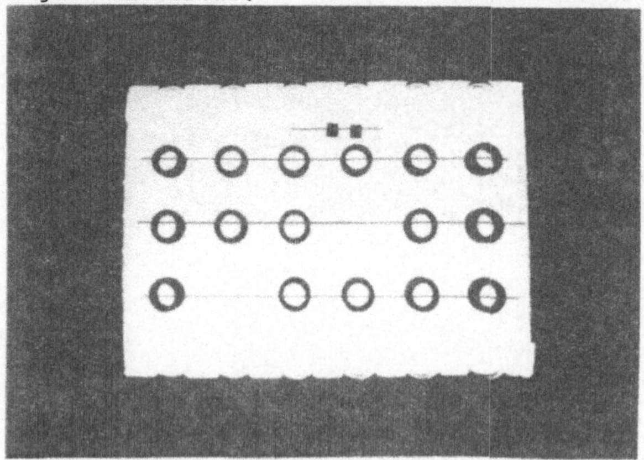

Bild 69: Bestimmung von Fehlteilen auf einem Flachmagazin

7.6   <u>Steuerungstechnischer Ablauf im System</u>

Die gesamte Steuerungsaufgabe gliedert sich in vier Bereiche :

a)   Steuerung des Magazinumlaufs
b)   Steuerung und Auswertung der Decodierung
c)   Steuerung der Ladeeinrichtung
d)   Steuerung und Koordination des Gesamtablaufs

Die klare Trennung der Steuerungsaufgaben macht eine entsprechende Aufteilung der Hardwarekomponenten sinnvoll. Die
Ablaufsteuerung des Magazinumlaufs wird von einer speicher-
programmierbaren Steuerung (SPS) übernommen. Die in der Decodierzelle erfaßten Daten werden im Zeilensensor ausgewertet. Die Steuerung der Ladeeinrichtung erfolgt durch die beschriebene Positioniersteuerung (Kap.6.2.1.2). Die Koordination des Gesamtablaufs wird durch einen 8-Bit Rechner gewährleistet, der über den IEC- Bus als Leitrechner mit den Sub-
steuerungen Daten austauscht. Der gesamte Steuerungsablauf und
die Steuerungsarchitektur können dem <u>Bild 70</u> entnommen werden.

Der Arbeitszyklus beginnt mit der Abfrage am Stopper 1 (Decodierzelle), ob ein Magazin vorhanden ist. Wird dieser Stopper
von einem Magazin belegt, so wird dies über die SPS dem Leitrechner mitgeteilt. Dieser gibt an den Zeilensensor den Start
für die Identifizierung und anschließend, nach der Rückmeldung
des Magazincodes, den Start für die Auswertung der Belegung in
Verbindung mit der entsprechenden Szenennummer. Nach Übernahme
des Belegungsergebnisses durch den Leitrechner wird der Stopper geöffnet und das Magazin durch das Doppelgurtband von der
Decodierzelle zur Handhabungsposition transportiert. Über die
SPS wird das Erreichen des Flachmagazins am Stopper 2 (programmierbarer Anschlag) dem Leitrechner mitgeteilt. Aufbauend
auf der Magazinidentität, der aktuellen Belegung und der Handhabungsaufgabe generiert der Leitrechner den Bewegungsablauf
automatisch und steuert die Handhabungsachsen entsprechend.
Ist das gesamte Magazin abgearbeitet, läuft es aus der Handhabungsposition aus und ein Arbeitszyklus ist abgeschlossen.

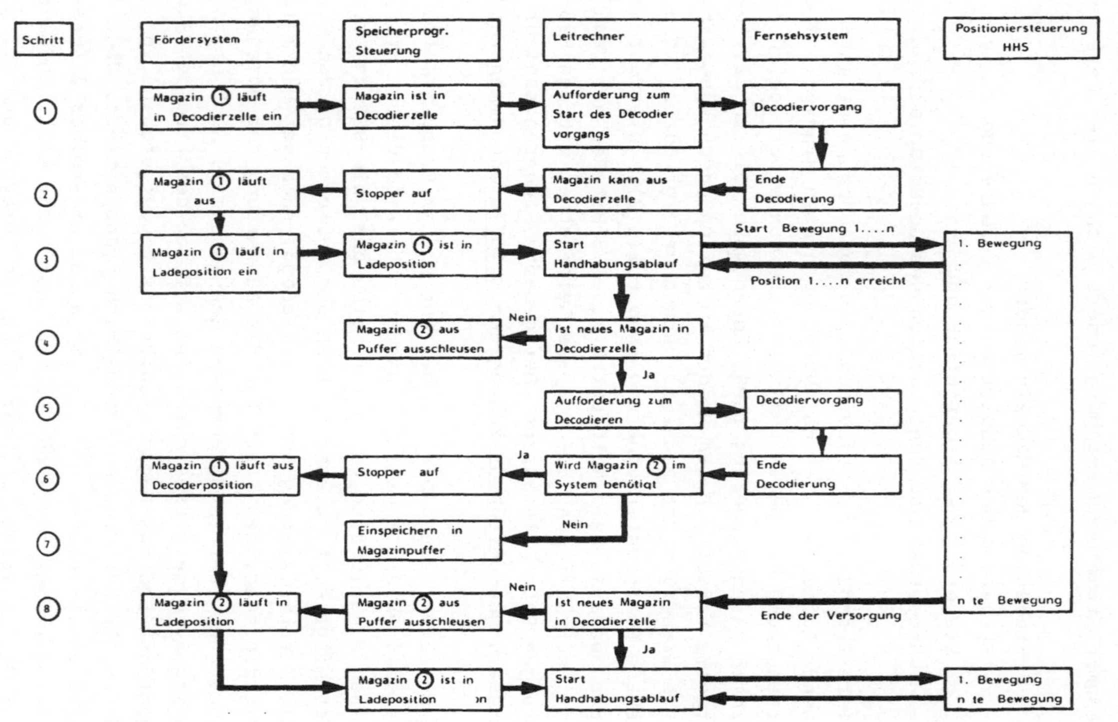

Bild 70: Steuerungstechnischer Ablauf

7.7   <u>Ergebnisse der Erprobung</u>

Die Ergebnisse, die sich durch eine Erprobung in dem aufgebauten Gesamtsystem feststellen lassen, müssen in vier Gruppen
unterteilt werden:

a) Ergebnisse aufgrund der Flächenoptimierung
b) Ergebnisse aufgrund des Einsatzes einer optimalen Ladeeinrichtung
c) Ergebnisse aufgrund der rechnerunterstützten Programmierung
d) Ergebnisse aufgrund der Belegungsauswertung

Bei herkömmlichen Magazinbelegungen sind die Werkstücke in
Reihen aufgestellt. Zwischen diesen Werkstückreihen wird eine
Greifgasse für den Greifer freigehalten. Entsprechend diesem
Vorgehen würde man wesentlich weniger Teile auf den Flachma-
gazinen unterbringen können als mit rechnerunterstützten Be-
legungsmethoden. Die rechneroptimierten Belegungen weisen
somit für die einzelnen Werkstücke unterschiedliche Verbes-
serungen (12-26 % Platzgewinn) auf. Würde man versuchen, den
Rechenvorgang manuell nachzuvollziehen, müssten ca. 30 Stunden
Arbeitszeit pro Belegungsmuster kalkuliert werden.

Die Auswahl einer optimalen Magazinladeeinrichtung erbringt
deutliche Vorteile, die wirtschaftlich zu Buche schlagen. Die
Höhe der Einsparungen ist abhängig von der Größe des Flachmagazins, da mit zunehmendem Arbeitsraum die dazu geeigneten
Industrieroboter teurer werden. Generell kann gesagt werden,
daß sich im Mittel 50 % der Investitionen durch den Einsatz
des PLA-Konzeptes einsparen lassen.

Während bei zunehmender Magazinausdehnung Industrieroboter
durch längere Verfahrwege einen wesentlich höheren Taktzeit-
bedarf aufweisen, steigert sich der Verfahrweg mit größer
werdendem Flachmagazin durch den programmierbaren Anschlag,
der die Palette unter dem PLA hindurchtaktet, nur gering. Bei
einem kleinen Flachmagazin (400 mm x 300 mm) weisen Industrieroboter und PLA nahezu die gleiche Taktzeit auf.

Wird aber eine Europalette (1200 mm x 800 mm) eingesetzt, so muß der PLA einen um 14 % kürzeren Weg zurücklegen.

Im Gesamtsystem werden fünf unterschiedliche Flachmagazine mit insgesamt 212 Magazinplätzen eingesetzt. Bei einer herkömmlichen Programmiertechnik müssen alle diese Positionen von Hand angefahren und einprogrammiert werden. Weitere Positionen, die zu programmieren sind, ergeben sich aus der Bearbeitungsposition, Warteposition und Positionen, die aus Kollisionsgründen während des Handhabungsablaufes durchfahren werden, so daß insgesamt 13 Handhabungsschritte je Zyklus zu programmieren sind. Geht man von einer Satzprogrammierung aus, so sind 2756 Sätze der Steuerung einzugeben. Bei ca. 1 Minute pro programmierter Position bedeutet dies einen Programmieraufwand von ca. 46 Stunden. Dieser Aufwand kann durch das automatische Generieren drastisch gesenkt werden, da bei diesem Verfahren lediglich zwei Punkte auf jedem Magazin zuzüglich den Bearbeitungs- und Hilfspositionen manuell einprogrammiert werden. Die restlichen benötigten Werte werden aus der Belegungsoptimierung übernommen. Der Handhabungsablauf kann danach automatisch erzeugt werden und die manuelle Programmierung reduziert sich auf 35 Minuten für alle fünf Flachmagazine.

Die durchgeführte Belegungsauswertung bringt in dem Gesamtsystem Taktzeitvorteile. Nimmt man das Werkstück W-3-1/4 mit 34 Werkstückpositionen, so erreicht man mit der Belegungsauswertung bei ca. 20 % unbelegten Werkstückpositionen einen Taktzeitgewinn von 7 %. Der Gewinn ergibt sich dadurch, daß die Ladeeinrichtung nicht mit seinem Greifer an unbelegten Positionen nach Werkstücken suchen muß.

Die erzielten Verbesserungen sind im Bild 71 zusammenfassend dargestellt.

Ergebnisse durch die Flächenoptimierung

Werkstücke	Werkstückplätze		Platzgewinn (%)
	herkömmliche	rechneroptimierte	
W - 3 - M 5	50	68	26
W - 3 - 1/8	50	68	26
W - 3 - 1/4	30	34	12
W - 3 - 1/2	18	23	22
W - 3 - 3/4	15	19	21

Ergebnisse durch den Einsatz des PLA

	Handhabung durch		Kostenreduzierung (%)
	Industrieroboter	PLA	
Kosten (DM)	140.000,--	70.000, -	50
Verfahrwege (mm)			Wegersparnis (%)
Magazingröße			
400 * 300 (mm²)	500	450	10
1200 * 800 (mm²)	1100	950	14

Reduzierung des Programmieraufwandes

Anzahl der Magazinplätze	Programmieraufwand (min)		Zeitersparnis (%)
	ohne Generierung	mit Generierung	
19	247	7	97
23	299	7	97
34	442	7	98
68	884	7	99

Taktzeitgewinn durch Belegungsauswertung

Anzahl der Fehlteile	Abarbeitungszeit (s)		Zeitersparnis (%)
	mit Bel.-Ausw.	ohne Bel.-Ausw.	
0	340	340	0
2	320	326	2
4	300	312	4
6	280	298	6
8	260	284	8
10	240	270	11

<u>Bild 71:</u> Verbesserungen durch den Einsatz der entwickelten Maßnahmen

Die Werkstückspeichertechnik muß sich in Zukunft den veränderten Gegebenheiten der Handhabungstechnik anpassen. Hierzu
gehört im wesentlichen die Erhöhung der Flexibilität, um den
Anforderungen der Kleinstserie zu entsprechen, und eine gezielte Verbesserung der Kapazität, um einerseits kleine lei-
stungsfähige Systeme zu schaffen und andererseits den Bedarf
an Speicherkapazitäten für die dritte Schicht zu befriedigen.

Die Analyse von Magaziniersystemen und deren Zerlegung in die
Teilsysteme "Magazin", "Ladeeinrichtung", "Decodier-" und
"Bereitstellungseinrichtung" war der Ausgangspunkt für das
Aufzeigen von unterschiedlichen Ansatzpunkten, die zu einer
Verbesserung der Flexibilität und Kapazität führen.

Aufbauend auf diesen Untersuchungen wurden anschließend für
diese aufgezeigten Entwicklungsschwerpunkte beispielhaft an
einem Magaziniersystem für Flachmagazine Lösungen und Methoden
entwickelt, die zu einer Verbesserung dieser Kriterien führen.

So wurde für das Magazin selbst bei der Auswahl der am Markt
vorhandenen Geräten für den Planer zum einen eine rechnerunterstützte Auswahlmethode entwickelt und zum zweiten für die
Neukonzeption von Magazinen ein systematischer Konzeptions-
katalog vorgestellt. Da die gute flächenmäßige Ausnützung
eines Magazins als besonders wichtig erkannt wurde, sind
für die Flächenoptimierung rechnergestützte Planungs-
methoden zur Verbesserung der Kapazität entworfen worden.

Aufgrund des Fehlens von geeigneten Ladeeinrichtungen für den
Magaziniervorgang, was sich durch einen Vergleich der aufge-
stellten Anforderungen mit dem Marktangebot ergab, wurde im
Rahmen dieser Arbeit eine neuartige, auf die Anforderungen der
automatischen Magazinierung abgestimmte und wirtschaftliche
Ladeeinrichtung entwickelt.
Da bei der Magaziniertechnik in der Regel eine Menge von Posi-
tionsdaten zu verarbeiten sind, wurden zur Reduzierung des

manuellen Programmieraufwandes rechnerunterstützte Program-
mierhilfen erarbeitet. So wurden einerseits eine benutzer-
freundliche Programmiersprache und andererseits Programme zur
automatischen Generierung von Handhabungsabläufen erstellt.

Zusätzlich wurde ein Verfahren entwickelt, welches in Verbindung mit einem optischen Zeilensensor die Magazinidentifizierung und die Bestimmung der Magazinbelegung von unterschiedlichen Magazinen ausführen kann. Dadurch wird es möglich, in einem flexiblen System unterschiedliche Magazine in Verbindung
mit dem entwickelten Magazinlader bei optimierten Taktzeiten
zu be- und entladen.

Diese entwickelten Einrichtungen und Methoden wurden abschließend in einem Gesamtsystem erprobt, um die Verbesserungen gegenüber konventionellen Lösungen aufzuzeigen. Hierbei zeigte
es sich, daß sich die konzipierten Maßnahmen sowohl auf die
Erhöhung der Flexibilität als auch auf der Kapazität auswir-
ken. So konnten in dem System fünf unterschiedliche Werkstücke
ohne Umrüstvorgang im Mix-Betrieb eingesetzt werden.
Hierzu waren vier unterschiedliche Flachmagazine mit optimier-
ter Belegung im Einsatz. Die Speicherkapazität der Magazine
konnte durch den Einsatz von Belegungsoptimierungsprogrammen
um bis zu 24 % verbessert werden. Einen deutlichen Fortschritt
konnte bei der Programmierung des Magaziniersystems verzeich-
net werden. Hier sank der Programmieraufwand durch eine automatische Generierung um bis zu 99 %, während sich durch eine
optische Belegungsauswertung die Taktzeit um bis zu 7 % verbessern ließ.

Aufgrund der zunehmenden Bedeutung der Magaziniertechnik, die
im Rahmen der Automatisierung von Handhabungsvorgängen -insbe-
sondere in der Klein- und Mittelserienfertigung- den wirtschaftlichen Ausschlag gibt, ist es zwingend geboten, speziell
in den Bereichen Flexibilität und Kapazität ein Optimum zu er-
zielen. Neben den bereits bekannten Vorgehensweisen bieten die
in dieser Arbeit entwickelten Einrichtungen und Methoden eine
gute Voraussetzung dieses Ziel zu erreichen.

9   Literaturverzeichnis

/1/   Warnecke, H.-J.;   Industrieroboter.
      Schraft, R.D.:   Mainz: Krausskopf-Verlag, 1979.

/2/   Schraft, R.D.:   Stand der Robotertechnik in der Bun-
                            desrepublik Deutschland. München:
                            Bericht der Fraunhofer Gesellschaft
                            Nr.2, 1982.

/3/   o.V.   VDI-Richtlinie 2411,
                            Förderwesen, Begriffsbestimmungen.
                            Berlin und Köln: Beuth-Vertrieb,
                            1962.

/4/   o.V.   VDI-Richtlinie 2860, Blatt 1, Ent-
                            wurf. Handhabungsfunktionen, Hand-
                            habungseinrichtungen, Begriffe, De-
                            finitionen, Symbole. Berlin und Köln:
                            Beuth Verlag, 1982.

/5/   Rittinghausen, H.:   Integrierte Materialflußautomatisie-
                            rung in der Einzel- und Kleinserien-
                            fertigung. München, Wien:
                            Hanser Verlag, 1980.

/6/   Warnecke, H.-J.;   Katalog Zubringeeinrichtungen.
      Weiss, K.:   Mainz: Krausskopf-Verlag, 1978.

/7/   Wiendahl, H.-P.;   Produkt-und Produktionsflexibilität.
      Mende, R.:   wt-Zeitschrift für industrielle Fer-
                            tigung 71 (1981), S. 293-296

/8/   Hesse, S.:   Einsatz und Auswahl von Magazinier-
                            einrichtungen. Verbindungstechnik,
                            8. Jahrgang, Heft 8/9 (1976),
                            S. 31-33.

/9/ Scharf, P.:   Strukturen flexibler Fertigungs-
                          systeme. Gestaltung und Bewertung.
                          Universität Stuttgart,
                          Dr.-Ing. Diss., 1975.

/10/ o.V.   VDI-Richtlinen 3240, Blatt 1
                          Zubringeeinrichtungen.
                          Berlin und Köln: Beuth-Vertrieb,
                          1971.

/11/ Frank, E.:   Konventionelle Ordnungseinrichtungen.
                          Erfahrungsaustausch Industrieroboter.
                          5. IPA-Arbeitstagung, Stuttgart,
                          1975.

/12/ Hesse, S.;   Verkettungseinrichtungen in der Fer-
     Zapf, H.:   tigungstechnik. Berlin: VEB Verlag,
                          1970.

/13/ Füglein, E.:   Konzeption und Entwicklung eines
                          Handhabungssystems auf der Basis
                          eines flexiblen Werkstückträgers.
                          RWTH - Aachen, Dr.-Ing. Diss., 1978.

/14/ Schuler, J.;   Untersuchung der Übertragbarkeit von
     Utz, H.;   Handhabungssystemen für Rotationstei-
     Graf, B.:   le in flexiblen Fertigungssystemen.
                          Karlsruhe: Kernforschungszentrum
                          Karlsruhe, 1983.

/15/ Siemens, K.-J.:   Flexible Halteeinrichtung für Werk-
                          stücke. VDI-Zeitung 122 (1980) Nr.19,
                          S. 817-820.

/16/ o.V.   Automatisierung I. Vorlesungsmanu-
                          skript des Institutes für industri-
                          elle Fertigung und Fabrikbetrieb,
                          Universität Stuttgart, 1983.

/17/ Warnecke, H.-J.;   Industrieroboter Katalogband.
     Schraft, R.D.:   Mainz: Krausskopf-Verlag, 1980.

/18/ Hesse, S.:   Klassifizierung von Werkstückspei-
                         chern. Fertigungstechnik und Be-
                         trieb, 29 (1979) Nr. 4, S. 226-229.

/19/ Graf, B.;   Flexibles Ordnen und Magazinierein-
     Weiss, K.:   richtungen. Tagungsband Flexible Fer-
                         tigung. AWF-Tagung Stuttgart, April
                         1982.

/20/ Gudehus, T;   Kapazität und Füllungsgrad von Stück-
     Kunder, R.:   gutlagern. Industrieanzeiger 96
                         (1974) Nr.93, S. 2093-2294.

/21/ Stetten, R. von: Auslegung von Störungspuffern in
                         kapitalintensiven Fertigungslinien.
                         Mainz: Krausskopf-Verlag, 1977.

/22/ Weinert, U.:   Transportbehälter- Von der Stange
                         oder Maßkonfektion? Fördern und Heben
                         30 (1980) Nr. 4, S. 350-351.

/23/ o.V.   Greifen Ihre Mitarbeiter noch in die
                         Kiste? Werbeschrift Fa. Sander KG.
                         Nürnberg, 1982.

/24/ Graf, B.:   Flexible Magazine in Handhabungssy-
                         stemen. HGF-Bericht 80/52. Essen:
                         Girardet-Verlag, 1980.

/25/ Michaelis, D.:   Rechnerunterstützte Konstruktion von
                         Funktionssystemen zur flexiblen Hand-
                         habung rotationssymmetrischer Werk-
                         stücke. München, Wien: Hanser
                         Verlag, 1982.

/26/ Schraft, R.D.:   Systematisches Auswählen und Konzi-
                          pieren von programmierbaren Handha-
                          bungsgeräten. Universität Stuttgart,
                          Dr.-Ing. Diss., 1977.

/27/ Schmidt-Streier, U.:Methode zur rechnerunterstützten Ein-
                          satzplanung von programmierbaren
                          Handhabungsgeräten. Universität
                          Stuttgart, Dr.-Ing. Diss., 1981.

/28/ Praß, P.:   Ein Programmsystem zur Auswahl geeig-
                          neter Wälzlager aus rechnergespei-
                          cherten Lagerkatalogen. Konstruktion
                          25 (1973), S. 259-263.

/29/ o.V.   DIN 8580. Begriffe der Fertigungsver-
                          fahren. Einteilung. Berlin und Köln:
                          Beuth-Vertieb, Juni 1974.

/30/ o.V.   Verfahren zum Herstellen von Magazin-
                          paletten aus Kunststoff. Patent-
                          schrift 2850 759. München:
                          Deutsches Patentamt, 1983.

/31/ Herrmann, G.:   Analyse von Handhabungsvorgängen im
                          Hinblick auf deren Anforderung an
                          programmierbare Handhabungsgeräte
                          in der Teilefertigung. Universität
                          Stuttgart, Dr.-Ing. Diss., 1976.

/32/ Rau, W.:   Systematische Auswahl von Förder-
                          hilfsmitteln für den innerbetrieb-
                          lichen Materialfluß. Universität
                          Stuttgart, Dr.-Ing. Diss., 1977.

/33/ o.V.   DIN 55 510, Modulare Koordination.
                          Modulmaße für rechteckige Packstücke.

/34/ Kienzle, O.:   Berlin u. Köln: Beuth-Vertrieb, 1975.
                        Der Flächenschluß. Die günstige Auf-
                        teilung von Schnittflächen. Werk-
                        statts-Technik u. Masch.-Bau 39,
                        1949. Heft 11,12, S. 352-357.

/35/ Heesch, H.;   Flächenschluß; System der Formen
     Kienzle, O.:   lückenlos aneinanderschließender
                        Flachteile. Berlin, Göttingen, Hei-
                        delberg: Springer Verlag, 1963.

/36/ Mai, E.:   Formales Beschreibungssystem für
                        ebene Werkstückgeometrien. Zeit-
                        schrift für wirtschaftliche Fertigung
                        65 (1970) Heft 12, S. 626-633.

/37/ Gläss, W.:   Flächenoptimierung bei der Belegung
                        von flächigen Werkstückspeichern.
                        Studienarbeit am Institut für Indu-
                        strielle Fertigung und Fabrikbetrieb.
                        Universität Stuttgart, 1982.

/38/ Fejes-Toth, L.:   Lagerungen in der Ebene, auf der
                        Kugel und im Raum. Berlin, Göttin-
                        gen, Heidelberg: Springer Verlag,
                        1972.

/39/ Groemer, H.;   Packing and Covering Properties of
     Heppes, A.:   Split Disks. Studia Scientiarum
                        Mathematicarum Hungarica 10 (1975),
                        S. 185-189.

/40/ Schachtel, F.:   Wirtschaftliches Ausschneiden von
                        Blechteilen. Berlin, Göttingen,
                        Heidelberg: Springer Verlag, 1958.

/41/ Gut, H.:   Flächennutzungsgrad für den runden
                            Ausschnitt. A+K, 12. Mai 1981.

/42/ Hilbert, H.:   Der runde Ausschnitt. München:
                            Carl Hanser - Verlag, 1947.

/43/ Warnecke, H.-J.;   Mikrorechner für die Werkstüc'.spei-
     Graf, B.:   chertechnik. wt-Zeitschrift für in-
                            dustrielle Fertigung 71, (1981)
                            S. 141-145.

/44/ o.V.   Der X-Z Roboter. Das Gerät für fle-
                            xibles und exaktes Handling.
                            Schrift der Firma Degussa AG.
                            Hanau, 1983.

/45/ o.V.   Zweiachsiges Handhabungsgerät für
                            Werkstücke, insbesondere zum Be- und
                            Entladen von ebenen Magazinen.
                            Patentanmeldung P 32-18 712.2-22.
                            München: Deutsches Patentamt, 1982.

/46/ Graf, B.;   Mikrorechner steuert Magazinbeschik-
     Knappmann, R.:   kungssystem. Technische Rundschau
                            Nr.21, 27. Mai 1980, Bern.

/47/ o.V.   DIN IEC 625, Teil 1. Berlin und Köln:
                            Beuth-Verlag, 1981.

/48/ o.V.   Einrichtung zum automatischen Trans-
                            port von Werkstücken. Patentanmeldung
                            P 32-12 272.1-22. München:
                            Deutsches Patentamt, 1982.

/49/ Kern, H.;   Einsatz eines Fernsehsensors in ei-
     Graf, B.:   nem flexiblen Magaziniersystem.
                            IIGF - Bericht 83/65.
                            Essen: Girardet-Verlag, 1983.

IPA Forschung und Praxis
Schriftenreihe aus dem Institut für Produktionstechnik und Automatisierung, Stuttgart

Herausgeber: Prof. Dr.-Ing. H. J. Warnecke

Datenerfassung im Produktionsbereich
Von E. Bendeich. ISBN 3-7830-0117-8.
1977, 176 Seiten, kartoniert.   54.— DM

Methodenauswahl für die Materialbewirtschaftung in Maschinenbau-Betrieben
Von H. Graf. ISBN 3-7830-0136-6.
1977, 144 Seiten, kartoniert.   54.— DM

Systematische Auswahl von Förderhilfsmitteln für den innerbetrieblichen Materialfluß
Von W. Rau. ISBN 3-7830-0139-0.
1977, 103 Seiten, kartoniert.   40.— DM

Grundlagen zur Planung von Ersatzteilfertigungen
Von E. Schulz. ISBN 3-7830-0138-2.
1977, 98 Seiten, kartoniert.   40.— DM

Rechnerunterstützte Fabrikplanung
Von B. Minten. ISBN 3-7830-0116-1.
1977, 124 Seiten, kartoniert.   38.— DM

Eine Planungsmethode für automatische Montagesysteme
Von H.-G. Lohr. ISBN 3-7830-0120-X.
1977, 108 Seiten, kartoniert.   32.— DM

Planung und Bewertung von Arbeitssystemen in der Montage
Von H. Metzger. ISBN 3-7830-0131-5.
1977, 108 Seiten, kartoniert.   40.— DM

Klassifizierungssystem für Prüfmittel der industriellen Längenprüftechnik
Von R. Czetto. ISBN 3-7830-0144-7.
1978, 181 Seiten, kartoniert.   64.— DM

Rechnerunterstützte Montageplanung
Von O. Hirschbach. ISBN 3-7830-0149-8.
1978, 146 Seiten, kartoniert.   52.— DM

Rechnerunterstützte Entwicklung von Simulationsmodellen für Unternehmensplanspiele
Von A. Moker. ISBN 3-7830-0147-1.
1978, 181 Seiten, kartoniert.   64.— DM

Arbeitsplatzanalysen zur Ermittlung der Einsatzmöglichkeiten und Anforderungen an Industrieroboter
Von G. Herrmann. ISBN 37830-0151-X.
1978, 113 Seiten, kartoniert.   40.— DM

MFSP — Ein Verfahren zur Simulation komplexer Materialflußsysteme
Von G. Stemmer. ISBN 3-7830-0118-8.
1977, 140 Seiten, kartoniert.   60.— DM

Berührungslose Erkennung durch Positionsbestimmung von Objekten durch inkohärent-optische Korrelation
Von M. König. ISBN 3-7830-0137-4.
1977, 110 Seiten, kartoniert.   40.— DM

Auslegung von Störungspuffern in kapitalintensiven Fertigungslinien
Von R. v. Stetten. ISBN 3-7830-0140-4.
1977, 154 Seiten, kartoniert.   56.— DM

Flexible Transportablaufsteuerung
Von G. Romer. ISBN 3-7830-0114-5.
1977, 188 Seiten, kartoniert.   60.— DM

Rechnergestützte Realplanung von Fabrikanlagen
Von T.-K. Sauter. ISBN 3-7830-0119-6.
1977, 108 Seiten, kartoniert.   32.— DM

Systematisches Auswählen und Konzipieren von programmierbaren Handhabungsgeräten
Von R. D. Schraft. ISBN 3-7830-0115-3.
1977, 108 Seiten, kartoniert.   32.— DM

Auslandsproduktion
Von W. Cypris. ISBN 3-7830-0145-5.
1978, 126 Seiten, kartoniert.   42.— DM

Wirtschaftlicher Einsatz von Mehrkoordinatenmeßgeräten
Von M. Dietzsch. ISBN 3-7830-0148-X.
1978, 142 Seiten, kartoniert.   52.— DM

Fertigungssteuerung bei flexiblen Arbeitsstrukturen
Von K.-G. Lederer. ISBN 3-7830-0146-3.
1978, 128 Seiten, kartoniert.   42.— DM

Untersuchungen zum Polieren und Entgraten durch elektrochemisches Oberflächenabtragen
Von K. Zerweck. ISBN 3-7830-0150-1.
1978, 110 Seiten, kartoniert.   40.— DM

Stufenweise Ableitung eines praktischen Planungssystems für den Entwicklungsbereich
Von R. Hichert. ISBN 3-7830-0149-8.
1978, 151 Seiten, kartoniert.   52.— DM

Produktionsplanung mit Auftragsfamilien
Von U. W. Geitner. ISBN 3-7830-0161.7.
1979, 110 Seiten, kartoniert.   45.— DM

Thermisch-chemisches Entgraten
Von T. Wagner. ISBN 3-7830-0164-1.
1979, 111 Seiten, kartoniert.   45.— DM

Untersuchung der Materialflußkosten bei ausgewählten Systemen der Zentralen Arbeitsverteilung
Von R. Wenzel. ISBN 3-7830-0162-5.
1979, 168 Seiten, kartoniert.   86.— DM

Anpassung und Einführung eines Planungssystems für die Ablaufplanung im Konstruktionsbereich
Von W. Dangelmaier. ISBN 3-7830-0163-3.
1979, 168 Seiten, kartoniert.   80.— DM

Längenmessungen an bewegten Teilen mit berührungslos wirkenden Aufnehmern
Von H. Lang. ISBN 3-7830-0157-9.
1979, 89 Seiten, kartoniert.   42.— DM

Untersuchung multistabiler Strömungselemente und ihr Einsatz in sequentiellen Steuerungen
Von A. Ernst. ISBN 3-7830-0157-9.
1979, 122 Seiten, kartoniert.   48.— DM

Taktile Sensoren für programmierbare Handhabungsgeräte
Von M. Schweizer. ISBN 3-7830-0158-7.
1979, 91 Seiten, kartoniert.   42.— DM

Die rechnerunterstützte Prüfplanung
Von P. Blasing. ISBN 3-7830-0152-8.
1979, 100 Seiten, kartoniert.   44.— DM

Verfahren zur Fabrikplanung im Mensch-Rechner-Dialog am Bildschirm
Von W. Ernst. ISBN 3-7830-0156-0.
1979, 218 Seiten, kartoniert.   72.— DM

Rechnerunterstütztes Verfahren zur Leistungsabstimmung von Mehrmodell-Montagesystemen
Von M. Gorke ISBN 3-7830-0155-2.
1979, 139 Seiten, kartoniert   50.— DM

Standortbezogene Betriebsmittel
Von G. Pflieger. ISBN 3-7830-0167-6.
1979, 127 Seiten, kartoniert.   52.— DM

Die betriebswirtschaftliche Beurteilung neuer Arbeitsformen
Von B.-H. Zippe. ISBN 3-7830-0168-4.
1979, 350 Seiten, kartoniert.   98.— DM

Untersuchung des Arbeitsverhaltens programmierbarer Handhabungsgeräte
Von B. Brodbeck. ISBN 3-7830-0169-2.
1979, 117 Seiten, kartoniert.   48.— DM

Untersuchung eines kohärent-optischen Verfahrens zur Rauheitsmessung
Von N. Rau. ISBN 3-7830-0174-9.
1979, 117 Seiten, kartoniert.   48.— DM

Entwicklung einer programmierbaren, pneumatischen Steuerung
Von D. Klemenz. ISBN 3-7830-0171-4.
1979, 93 Seiten, kartoniert.   42.— DM

IPA Forschung und Praxis

Berichte aus dem Fraunhofer-Institut für Produktionstechnik und Automatisierung, Stuttgart, und dem Institut für Industrielle Fertigung und Fabrikbetrieb der Universität Stuttgart

Herausgeber: Prof. Dr.-Ing. H. J. Warnecke

IPA-IAO Forschung und Praxis

Berichte aus dem Fraunhofer-Institut für Produktionstechnik und
Automatisierung (IPA), Stuttgart, Fraunhofer-Institut für Arbeitswirtschaft
und Organisation (IAO), Stuttgart, und Institut für Industrielle Fertigung
und Fabrikbetrieb der Universität Stuttgart

Herausgeber: Prof. Dr.-Ing. H. J. Warnecke und Prof. Dr.-Ing. H.-J. Bullinger